U0378139

清华

开发者书库

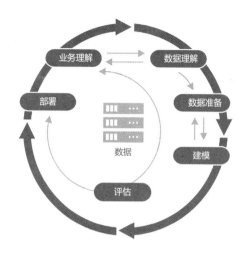

Precision Construction

Principles, Practices and Solutions for the
Internet of Things in Construction

智慧建造

物联网在建筑设计与管理中的实践

[美] 周晨光（Timothy Chou）◎著

段晨东 柯吉◎译

清华大学出版社

北京

北京市版权局著作权合同登记号　图字：01-2019-7449

内 容 简 介

本书介绍物联网的基本知识及其在建筑建造中的应用，内容包括两部分。第一部分主要讲解物联网的原理、架构、网络互联、数据采集、机器学习、精细化实现等相关原理，同时，还介绍了相关技术的应用范例；第二部分介绍物联网技术在精细化建造中的应用案例，例如设备租赁、太阳能项目、工程承建、高空作业平台、装载机、环境监测、基于增强现实的建造、砌墙机器人等。

本书不仅能为刚刚步入物联网与远程信息处理技术之旅的读者提供实用指南，也可以为建筑供应商制订发展策略提供帮助，实现建造过程的信息化、精细化、精准化管理。

图书在版编目（CIP）数据

智慧建造：物联网在建筑设计与管理中的实践/（美）周晨光（Timothy Chou）著，段晨东，柯吉译.—北京：清华大学出版社，2020.1（2022.1重印）
（清华开发者书库）
书名原文：Precision Construction Principles，Practices and Solutions for the Internet of Things in Construction
ISBN 978-7-302-54732-7

Ⅰ.①智…　Ⅱ.①周…②段…③柯…　Ⅲ.①智能化建筑　Ⅳ.①TU18

中国版本图书馆 CIP 数据核字（2020）第 000885 号

责任编辑：赵佳霓
封面设计：李召霞
责任校对：徐俊伟
责任印制：沈　露

出版发行：清华大学出版社
　　　　网　　　址：http://www.tup.com.cn，http://www.wqbook.com
　　　　地　　　址：北京清华大学学研大厦 A 座　　邮　　编：100084
　　　　社　总　机：010-62770175　　　　　　　邮　　购：010-83470235
　　　　投稿与读者服务：010-62776969，c-service@tup.tsinghua.edu.cn
　　　　质量反馈：010-62772015，zhiliang@tup.tsinghua.edu.cn
　　　　课件下载：http://www.tup.com.cn，010-83470236
印　装　者：三河市金元印装有限公司
经　　　销：全国新华书店
开　　　本：147mm×210mm　　印　张：7.25　　字　数：164 千字
版　　　次：2020 年 5 月第 1 版　　　　　　　印　次：2022 年 1 月第 3 次印刷
印　　　数：2501～3500
定　　　价：59.00 元

产品编号：083481-01

PREFACE

序

　　智慧建造是一种新的建造体系,它把物联网、大数据、云计算、移动互联网等信息及通信技术与建筑业全生命周期建造活动的各个环节相互融合,实现信息感知、数据采集、知识积累、辅助决策、精细化施工与管理等;它将资源、信息、机器设备、环境及人员紧密地连接在一起,形成智慧化的工程建造环境和集成化的协同运作服务平台,可实现项目现场与企业管理的互联互通、资源合理配置、机器设备运行维护管理、各个参与方之间的协同运作、安全风险预控与质量监管等。

　　建筑业是我国国民经济重要的支柱产业之一,在经济增长和社会进步方面具有重大的影响力。另外,"一带一路"建议为建筑业提供了新的发展机遇。由于传统的工程建造模式数字化、信息化程度低,各方信息不能有效地共享,难以实现有效地协同运作,造成了不必要的人、物、财的浪费。因此,住房和城乡建设部发布的《2016—2020 年建筑业信息化发展纲要》中指出"建筑业信息化是建筑业发展战略的重要组成部分,也是建筑业转变发展方式、提质增效、节能减排的必然要求",并明确提出"全面提高建筑业信息化水平,着力增强 BIM、大数据、智能化、移动通信、云计算、物联网等信息技术集成应用能力,建筑业数字化、网络化、智能化取得突破性进展"。智慧建造是一种基于数字化、网络化、智能化的新的建造模式,对建筑业具有深远的影响。

《智慧建造——物联网在建筑设计与管理中的实践》是一本系统介绍物联网在建筑施工建造过程中应用的著作,它并不是一本纯粹意义上的技术专著,作者从应用角度给出了物联网应用的框架,并用与建筑施工建造过程相关案例诠释其实现方法,这些案例包括施工机械设备、施工项目管理、施工现场环境监控、设备租赁公司业务管理、施工机器人、增强现实应用等。目前,我国有关智慧建造的书籍少见,清华大学出版社的盛东亮主任深感此书对我国智慧建造具有重要的引导作用,出于高度的责任感和专业精神,推动出版立项,把此书引入我国,使读者了解采用物联网技术实施智慧建造的思路和方法。

本书分两部分,第一部分主要介绍物联网应用技术的基本原理,由第1章~第13章组成。第二部分为应用案例,由第14章~第23章组成,介绍一些公司如何部署和使用物联网的实际案例。

在第一部分,第1章介绍了物联网与互联网的区别与联系。在第2章,作者从应用的角度出发,定义了一种5层物联网框架:设备层、网络连接层、数据采集层、学习层和执行层,并通过两个案例说明了物联网框架在实际应用中的表现形式。第3章和第4章介绍设备层原理及应用,首先阐述了构建企业物联设备的基本原理,包括传感器、计算机体系架构、软件系统、网络安全、物联设备通信标准等;其次,解释了建筑施工设备、施工现场环境监测、施工机器人及增强现实眼镜等智能化方法。第5章和第6章介绍网络连接层原理及其应用,简要描述与连接设备有关的基本知识及基本原理,并着重介绍实现建筑机械设备连接的几种物联网连接技术。第7章和第8章讲解数据采集层原理及其应用,首先介绍物联设备数据采集和存储的基本方法,包括SQL、NoSQL、时间序列采集体系架构、异构数据存储、云计算等,然后通过案例说明如何将它们付诸实践。第9章和第10章讲解学习层原理及其应用,阐述数据查询技术、有监督与无监督的机器学习及聚类的基本原理,以现场工长、采购代理和执行主管等应用机器学习方法进行项目管理为例说明物联网学习层的实现方式。第11章和第12章讲解执行层原理及其应用,首先介绍物联网应用程序的作用和形式,物联网业务模式及其作用,然后,以精细化机械设备和精细化承包为例说明物联网应用程序和服务的实现方式。第13章是对第一部分的总结。

第二部分是物联网案例,其中,第14章是第二部分的引言,承上启下,回顾了5层物联网框架,引出了第二部分的主题。第15章和第16章介绍了联合租赁公司采用Total Control®系统实现设备远程管理的案例。第17章以一家承包商为例,介绍了物联网的部署和使用情况。第18章和第19章分别以高空作业平台和履带式装载机为例,介绍捷尔杰公司和竹内公司应用物联网使施工设备智能化的实现方法。第20章介绍一个应用物联网实现施工现场环境监测的案例。第20章和第21章介绍新兴技术——增强现实和机器人在建造领域中的应用,解释了物联网在增强现实和机器人中的作用及实现方法。第23章是对第二部分的总结和展望。

本书由长安大学段晨东教授和柯吉博士翻译,其中序言、第1章~第13章由段晨东翻译,第14章~第23章由柯吉翻译,全书译文由段晨东统稿。在翻译过程中,研究生梁栋、李光辉、武珊、任俊道、祁鑫、童卓斌、王雪纯参与了本书的检查校对工作,汉得信息技术股份有限公司的吴滨和柯睿为译文提出了许多宝贵的建议;另外,清华大学出版社的盛东亮主任和赵佳霓编辑为本书的出版付出了辛苦的劳动,在此对他们表示诚挚的谢意。由于译者水平有限,翻译不当之处在所难免,希望读者不吝赐教。

段晨东　柯吉

2019 年 8 月

FOREWORD
前　　言

在建筑设备供应商的圈子中，包括制造商和租赁代理商，没有人会问为什么要在物联网或者人们常常所说的车载远程信息处理系统（Telematics）上投资；没有一个供应商会问为什么该花钱去增强机器设备软件和网络连接性能来获取机器设备内部和外部运行环境的数据；也没有人会问投资基于云的分析工具有多重要，这些工具用于人们从来自现场的数据中认识和发现机器设备存在有什么问题。即使对那些一知半解的人来说，他们也知道，当今是一个互联的世界，应当有所作为。

与其说是问为什么，还不如说每个人心中想问的是怎么做。对于设备制造商和租赁代理商询问商务模式的问题，设备用户已习惯了"故障修复"的服务合同模式，怎么才能把新一代网联设备和云分析工具的服务产品引入市场？而设备用户会有疑问，买设备和租赁设备仅仅是用来干活的，为什么要付服务费呢？怎么用这类新服务建立客户忠诚度？在技术上采用什么样的方式构建这套新的服务体系，把它推向市场，最终为用户提高施工现场的生产效率和安全性？

举个例子，最初联合租赁公司（United Rentals）致力于向用户提供设备的运行时间和工作地点。而现在，联合租赁公司所做的远远超出把这种基本核心产品推向市场的初衷，努力在更广泛的领域寻找应用机会。联合租赁公司的理念是，只为用户租用在施工工期内真正需要的设备，节省客户的资金，从而建立用户忠诚度。

在施工现场，联网机器设备的使用情况大不相同，虽然像科科辛建筑公司（Kokosing Construction）和博莱克威奇公司（Black&Veatch）这样的建筑领域领头羊会好一些，而其他一些公司仍然对车载通信技术持怀疑态度，想知道是否真的会让他们更轻松地按工期和预算完成项目。维持现状是人们观念改变的强大障碍。

在这个新型的车载通信技术支持的物联网世界，施工现场的工头（通常已经只能获得很低的毛利率）可以丢开记满数据的记录板，用移动通信设备就可以了解到设备目前的位置，知道哪个设备在运行，哪个设备在停运。过去，设备采购代理人的任务是购买和租赁设备，并不知道施工现场发生了什么变化；而现在，实时了解设备的使用情况，并且能参照规定的设备基准指标查验设备状态，这些设备基准指标确保设备供应商在履行义务。以前从未关心过设备的总负责人，如首席执行官、首席财务官及运营主管，现在知道了一种降低成本的方法，即通过改进设备管理来有效地控制资金投入。这仅仅是开始而已。

无论是建筑设备的供应商还是建筑设备的使用者，都想弄清楚怎么样利用车载通信技术和物联网。《智慧建造——物联网在建筑设计与管理中的实践》这本书的目的是帮助人们解开这个困惑，从定义精细化框架（设备层、网络连接层、数据采集层、学习层、执行层）开始，然后给出了几个在建筑行业构建和应用这个框架的实例。

（1）本书不是形象化的说明

本书的介绍不是形象化的概念,而是实用性的。在书中尽量解释所有的缩略词,这样,便于使用这种方式与这个领域的同行进行沟通。本书针对的读者是那些想了解智慧建造技术的商务人士,还有那些需要建筑领域入门知识的技术人员。编写《智慧建造——物联网在建筑设计与管理中的实践》是用来说明企业领导者为什么要在车载通信技术方面继续投资,以及给出如何去做的思路。

(2)本书叙述的并不仅仅是一个个实例

书中虽然有大量具体物联网应用的实例,然而,认识开创物联网应用的先驱者,了解一下他们的故事也同样重要。在本书中讲述了多个故事,介绍了建筑领域的领导们如何在施工现场部署履带式装载机、伸缩式作业平台、机器人、增强现实眼镜等物联设备。在一个快速发展的行业中,了解同行们的所作所为是极为重要的。

(3)本书不是以技术供应商为中心

本书不是从一个供应商的角度来讲故事的,作者提出了一个供应商中立的框架,在书中会看到一百多家公司如何丰富这个框架。

(4)本书的内容不是零碎化的

从本书中将会看到,物联网应用程序很复杂且跨越许多领域。本书没有把重点放在某一特定领域(例如,连接物联设备),而是给出了一个完整的概貌。

事实上,数字化转型远远不是两个流行词汇的组合。每个行业都在走向数字化,包括建筑行业。转型中的落伍者有掉队的危险,甚至更糟糕,有可能在竞争中彻底败给那些事先了解数字化转型重要性的对手。《智慧建造——物联网在建筑设计与管理中的实践》一书一方面是为刚刚步入或已经开始物联网与车载通信技术之旅的人提供一个实用指南;另一方面,是为学生和其他读者写的。周博士在斯坦福大学任教,也曾在麻省理工学院、哥伦比亚大学、西北大学、赖斯大学和加州大学伯克利分校等多所大学讲学。在与学生交谈时,他发现,有一部分学生对构建社交网络和交友网站不感兴趣,而是希望用自己的才智去做更伟大的事业。

最后,正如后面将要详细讨论的,随着人口的增长,发展中的经济体——东南亚、拉丁美洲和非洲,将推动全球经济发展,这些地区在各个行业需要一流的基础设施,如电力、供水和医疗保健等。试想,是用以前的方式进行,还是让科技发挥主导作用呢?

Matthew J. Flannery

联合租赁公司总裁兼首席运营官

2018 年 11 月

CONTENTS
目　　录

第 一 部 分

第 1 章　引言——原理与实践　　003

1.1　物联网的经济性　　003

1.2　物联网不是人际互联网　　004

1.3　新一代的企业软件　　006

1.4　物联网　　007

第 2 章　精细化物联网框架　　009

2.1　精细化物联网框架　　010

2.2　设备层　　011

2.3　网络连接层　　013

2.4　数据采集层　　015

2.5　学习层　　016

2.6　执行层　　019

2.7　总结　　020

第 3 章　设备层原理　　021

3.1　传感器　　021

3.2　计算机体系架构 023

3.3　软件系统 024

　　3.3.1　内存空间 024

　　3.3.2　软件开发环境 024

　　3.3.3　操作系统 025

3.4　网络安全 026

　　3.4.1　安全启动 026

　　3.4.2　杜绝不良软件 026

　　3.4.3　使用完全优良的软件 027

3.5　标准 027

　　3.5.1　ISO 15143-2 标准 027

　　3.5.2　SAE J1939 标准 028

3.6　封装 029

第4章　设备层的应用 030

4.1　履带式装载机 030

4.2　高空作业平台 031

4.3　改装现有设备为智能设备 032

　　4.3.1　临时方案 032

　　4.3.2　改装方案 033

　　4.3.3　安装新的高级监控系统 033

4.4　柴油发动机 034

4.5　柴油发电机 035

4.6　环境监测 035

4.7　机器人 037

4.8　增强现实眼镜　　　　　　　　　　038

4.9　未来的挑战　　　　　　　　　　　040

第 5 章　网络连接层原理　　　　　　041

5.1　网络基础知识　　　　　　　　　　041

5.2　数据链路层　　　　　　　　　　　042

5.3　连接距离与功率　　　　　　　　　043

5.4　连接距离与数据通信速率　　　　　044

5.5　应用层　　　　　　　　　　　　　045

5.6　网络安全　　　　　　　　　　　　047

第 6 章　网络连接层的应用　　　　　049

6.1　蜂窝网络技术　　　　　　　　　　049

6.2　WiFi 无线网技术　　　　　　　　　050

6.3　卫星技术　　　　　　　　　　　　051

6.4　ZigBee 技术　　　　　　　　　　　052

6.5　LoRaWAN 技术　　　　　　　　　　053

6.6　防火墙技术　　　　　　　　　　　054

6.7　面临的挑战　　　　　　　　　　　056

第 7 章　数据采集层原理　　　　　　058

7.1　SQL 关系型数据库管理系统　　　　058

7.2　NoSQL　　　　　　　　　　　　　060

7.3　时间序列　　　　　　　　　　　　061

7.4 异构数据 062

7.4.1 Hadoop 062

7.4.2 Splunk 063

7.5 云计算 065

第 8 章 数据采集层的应用 067

8.1 联合租赁公司 067

8.2 精细化承建商 068

8.3 捷尔杰公司 069

8.4 竹内公司 070

8.5 斯堪斯卡公司 071

8.6 甲骨文公司 071

8.7 数据采集面临的挑战 072

第 9 章 学习层原理 074

9.1 数据库查询 074

9.2 预测 075

9.3 异常检测 076

9.4 聚类 078

9.5 动态机器学习 079

9.6 机器学习的生命周期 080

第 10 章 学习层的应用 083

10.1 提前期和交付 083

10.2 机器设备的位置和历史轨迹 084

10.3 机器设备的利用率与绩效基准 084

10.4 警报和通知 085

10.5 人为因素与机器设备的利用率 085

10.6 地理围栏 086

10.7 服务电话 086

10.8 机器故障 087

10.9 操作和再生 088

10.10 分析工具 089

10.11 机器设备数据学习的未来 090

第 11 章 执行层的原理 091

11.1 企业应用程序 091

11.2 中间件 092

11.3 精细化机械设备：提高服务质量 093

11.4 精细化机械设备：降低服务成本 094

11.5 精细化机械设备：新的业务模式 095

11.5.1 软件定义的机器设备 095

11.5.2 业务模式 1：产品与未联网的服务 096

11.5.3 业务模式 2：产品与连接服务 097

11.5.4 业务模式 3：产品即服务 098

11.5.5 首席数字服务官 099

11.6 精细化服务：降低消耗品成本 100

11.7 精细化服务：更高质量的产品或服务 101

11.8　精细化服务：改善健康和安全　　　101

11.9　总结　　　102

第 12 章　执行层的应用　　　103

12.1　精细化机械设备　　　103

12.1.1　报告最佳利用率　　　103

12.1.2　提高机器可用性　　　104

12.1.3　降低维护成本　　　104

12.1.4　预知性维护　　　104

12.1.5　了解总体拥有成本　　　105

12.1.6　新业务模式　　　105

12.2　精细化承包商　　　106

12.2.1　提高机器设备的利用率　　　106

12.2.2　减少租用机器设备的数量和辅助
营运人员　　　106

12.2.3　保证机器设备利用率就是把工作
完成　　　107

12.2.4　用地理围栏精确计费　　　107

12.2.5　最佳实践　　　108

12.2.6　减少盗窃,提高安全性　　　108

12.2.7　操作人员表现的跟踪　　　109

12.2.8　识别损坏机器设备的肇事者　　　110

12.3　打包的 IoP 应用程序　　　110

12.4　新一代中间件　　　111

第 13 章　总结——原理与应用 113

第二部分

第 14 章　引言——解决方案 119

　14.1　设备层 120

　14.2　网络连接层 120

　14.3　数据采集层 120

　14.4　学习层 121

　14.5　执行层 121

第 15 章　精细化的联合租赁公司 123

　15.1　设备层 124

　15.2　网络连接层 127

　15.3　数据采集层 127

　15.4　学习层 128

　15.5　执行层 133

　　15.5.1　提高利用率 133

　　15.5.2　利用率数据的深度利用 134

　　15.5.3　精细化计费 135

　15.6　总结 135

第 16 章　精细化的太阳能项目 137

　16.1　设备层 138

16.2 网络连接层   139

16.3 数据采集层   139

16.4 学习层   140

16.5 执行层   143

第 17 章   精细化承包商   145

17.1 设备层   146

17.2 网络连接层   147

17.3 数据采集层   147

17.4 学习层   148

17.5 执行层   149

17.6 总结   151

第 18 章   精细化剪叉式和伸缩式作业平台   153

18.1 设备层   153

18.2 网络连接层   156

18.3 数据采集层   156

18.4 学习层   157

18.5 执行层   158

18.6 总结   159

第 19 章   精细化的履带式装载机   161

19.1 设备层   162

19.2 网络连接层   163

19.3　数据采集层　164

19.4　学习层　165

19.5　执行层　167

19.6　总结　168

第 20 章　精细化环境监测　170

20.1　设备层　172

20.2　网络连接层　174

20.3　数据采集层　175

20.4　学习层　176

20.5　执行层　178

20.6　总结　179

第 21 章　基于增强现实的精细化建造　181

21.1　设备层　183

21.2　网络连接层　184

21.3　数据采集层　185

21.4　学习层　186

21.4.1　Show 应用程序　187

21.4.2　Tag 应用程序　187

21.4.3　Scan 应用程序　188

21.4.4　Model 应用程序：BIM 编辑　189

21.4.5　Guide 应用程序　189

21.5　执行层　189

21.5.1　碰撞检测　189

21.5.2　现场检查　　　　　　　　　　190

21.5.3　现场调度　　　　　　　　　　190

21.5.4　法规监管　　　　　　　　　　191

21.5.5　员工安全的监控　　　　　　　191

21.5.6　资源管理　　　　　　　　　　192

21.6　总结　　　　　　　　　　　　　192

第 22 章　精细化的机器人砌墙技术　　194

22.1　设备层　　　　　　　　　　　　195

22.1.1　组件和传感器　　　　　　　　196

22.1.2　使用 SAM　　　　　　　　　196

22.2　网络连接层　　　　　　　　　　198

22.3　数据采集层　　　　　　　　　　199

22.4　学习层　　　　　　　　　　　　199

22.5　执行层　　　　　　　　　　　　201

22.6　总结　　　　　　　　　　　　　203

第 23 章　总结——解决方案　　　205

23.1　服务经济　　　　　　　　　　　207

23.2　数字化转型　　　　　　　　　　208

23.3　挑战　　　　　　　　　　　　　209

第 一 部 分

第 1 章

引言——原理与实践

许多人认为物联网(Internet of Things,IoT)就是物与物相连接的网络,例如烤箱和冰箱的交互。毫无疑问,将来有一天会有许多非常有用的消费品物联网应用,但在这里重点介绍企业物联网应用,为业务人员和技术人员提供一个完整的、不依赖于供应商的框架。企业物联网应用非常复杂,没有一个框架很难将概念炒作与真实应用区分开来。本书将对 5 层框架中的每一层(设备层、网络连接层、数据采集层、学习层、执行层)的关键原理进行介绍,这些原理对目前和将来的应用来说都很重要。本书作为一个实践指南,还希望使读者理解这些原理在目前的实践中是如何使用的。最后,把所有 5 个层放在一起,使读者了解建造精细化设备的案例,以及这些设备对电力、供水、农业、运输和医疗保健等现代基础设施的影响。

1.1 物联网的经济性

在开始学习之前,有必要知道,由于计算机应用的经济性发生了根本性转变,人们建造和精准操纵精细化设备已渐渐成为现实。

经济社会巨大的转变推动着一些企业应用(例如财务、销售、营销、采购、劳资、人力资源管理等)迁移到云端。因为这些企业应用的真正成本不是其购买的价格,而是管理这些应用的安全性、有效性、使用性能及功能改进的成本,以及支持它们运行的所有软硬件成本。有一个简单的经验法则,管理企业应用的成本是每年企业购买应用软件成本的4倍,也就是说,用户在4年内得花费16倍的购买成本来管理这些应用。管理应用的基本成本是人工成本。在劳动生产率较低的国家,虽然成本有所下降,但是仍有一个底线成本。

由于企业应用云服务采用了标准化的处理流程和基础设施,并用计算机处理取代了人工处理,应用程序的安全性、有效性、使用性能和功能改进等管理实现了自动化,因此,企业应用云服务的成本要低得多。现在,同样的原理也用于计算和存储的基础设施,从而极大降低了成本、提高了灵活性。

几年前,周博士在中国清华大学讲授云计算课程。当时亚马逊网络服务(Amazon Web Services,AWS)团队爽快地捐赠了价值3000美元的云计算服务时间用来辅助课程教学。当时,3000美元可以在北弗吉尼亚(Northern Virginia)购买一台小型服务器3.5年的使用机时,有意思的是,学生并没有为此感到丝毫兴奋。相反,如果说3000美元可以购买10 000台计算机0.5h的使用机时,那所有人就会认真考虑了。

1.2　物联网不是人际互联网

大多数第一代和第二代企业软件重点关注的是用户——人员、个体或团体。企业软件领域的技术人员必须得这样做,因为这些应用程序需满足一些基本用户需求,例如买本书、下达采购订单、招聘员工或沟通交流等。

但设备终究不是人类,这有可能显而易见,但我们可以讨论这两者之间的 3 个根本差别。

(1)物联设备远比人多

现如今,你每天上网都能听到关于又有多少设备被接入互联网的新闻。最近思科(Cisco)前首席执行官约翰·钱伯斯(John Chambers)宣布,到 2024 年将有 5000 亿个物联设备互联,几乎是地球上人口数量的 100 倍。

(2)物联设备提供的信息更多

人和应用程序交流的主要途径是键盘,大多数应用程序使用某种形式的表单从我们每个用户那里获得简单少量的数据。但是,物联设备上有更多的传感器,一个手机约有 14 个传感器,包括一个加速度传感器、一个 GPS,有的手机甚至还有一个辐射探测器等。像风力发动机、基因测序仪、高速塞装机等工业物联设备至少有 100 个传感器。

(3)物联设备是不间断地发送数据的

人际互联网(Internet of People,IoP)应用获取大部分数据的手段,要么是在产品营销过程中获取客户信息,或者是在招聘过程中引导用户录入个人数据。也就是说,人们并不会频繁地把数据输入电子商务、人力资源(Human Resources,HR)、采购、客户关系管理(Customer Relationship Management,CRM)或者企业资源规划(Enterprise Resource Planning,ERP)等应用程序中。然而,物联网设备则大不相同,例如公用电网功率传感器每秒要发送 60 次数据,铲车每分钟发送一次数据,高速插装机每 2s 发送一次数据。

物联设备与人类不同。

1.3　新一代的企业软件

思爱普（SAP）、甲骨文（Oracle）、西贝尔（Siebel）、仁科（PeopleSoft）、微软（Microsoft）的第一代企业应用软件利用低成本的客户端/服务器计算来实现财务、人力资源、供应链和采购流程的自动化。这种业务模式是基于向采购应用软件的公司授权使用，把管理软件的安全性、有效性、性能和改进的责任交给了许可协议的购买者，也就是用户。

2000 年，第二代企业应用软件问世。很大程度上，它是交付模式根本转变的结果，软件供应商承担了管理软件的责任。这种转变也带来了业务模式的改变。不同于前面所说的软件授权费，一种软件即服务模式（Software-as-a-Service，SaaS）诞生了。这种模式下，用户要按月或按年度支付服务费。近年来，有许多耳熟能详的供应商采用这种模式，如 Salesforce.com、网讯（WebEx）、塔莉欧（Taleo）、SuccessFactors、网速公司（NetSuite）、沃开思（Vocus）、Constant Contact 和 Workday 等。

其结果是，一些销售、营销、采购、招聘、福利、会计等基本功能实现了自动化。虽然其有效性值得商榷，但已基本成熟；然而，通过 CRM 或 ERP 软件改进运营效率虽然颇有成效，但这些基本功能几乎没有什么改变。实际上，只是在零售业（如亚马逊）和银行业（如易利达（eTrade）和贝宝（PayPal））中软件确实改变了业务模式。

　　也许现在,随着计算机应用经济性的不断变化、通信技术的不断创新及传感器价格的不断降低,应用程序可能向第三代企业软件发展,以应对精准农业、电力、供水、医疗保健和交通运输等领域的挑战,并从根本上重塑各行各业和人们的生存环境。

1.4　物联网

　　人们对物联网的认知有点像盲人摸象的体验。在这个故事中,每个人触摸了大象身体不同的部位,因此,对大象有不同的印象。也就是说,很多人对物联网的含义有不同的观点。本书将建立一个涵盖物联网应用主要部分的框架(包含示例)。它是一个 5 层的、与供应商无关的框架,可供技术人员和业务人员使用。

　　在此框架下,本书的第一部分由原理和实践两部分构成。原理部分介绍基本技术原理。如果读者是机器学习或网络方面的专家,这部分章节的内容似乎微不足道,在此,其目的是向读者介绍一些基本原理。这些基本原理是与物联网相关的技术产品的基础。每个原理章节对应相应的实践章节。在这些实践章节中,读者将看到具体的应用案例,由它们阐述实践中的一些基本原则。

　　本书的第二部分重点介绍一系列案例,分享了一些公司如何部署和使用物联网的实际案例,例如有承建商、租赁代理商、设备制造商及物联网解决方案开发等案例;另外,还重点介绍了一些新兴技术,例如把增强现实和机器人技术用于建造领域。使用精细化技术,制造商能制造精细化的设备,能以更加低廉的成本提供更好的服务,在许多情况下可以从根本上改变业务模式。使用新型精细化设备的用户们将会降低运营成本,改善服务质量,提高员工健康和安全水平。当今世界,人口不断增长,人们也不断地努力提高生活水平,经营一个精细化的社会将是及其重要的。

让我们开始学习物联网的旅程吧!

第 2 章

精细化物联网框架

　　企业物联网应用很复杂。对企业物联网应用技术的开发、购买、销售和投资来说，开发一个框架尤为重要，它可以用来了解一个解决方案中各种组成部分的作用。尽管专注于技术至关重要，但是框架对服务、销售、企业营销、产品管理及产品营销等职能领域的非技术人员大有益处。另外，对于那些可能为物联网方案提供设备的供应商来说，有一个与供应商无关的物联网框架是非常有用的。

　　本章重点介绍物联网框架的 5 个组成部分：设备层、网络连接层、数据采集层、学习层和执行层，如图 2.1 所示。读者将会发现，考虑一个不是由单一的供应商提供的解决方案，这样做更有意义。

图 2.1　物联网框架

在以往互不连接的模式下,单一解决方案的供应商可能把甲骨文和微软变成了大公司,但是,这种情形将不会在新一代企业物联网应用中出现。

2.1　精细化物联网框架

第 1 个组成部分为设备层(Things)。在设备层,本书使用了物联设备、机器设备和设备装置这几个名词。设备层的重点是机器设备本身,它们以多种不同的方式连接到互联网。一旦接入互联网,数据采集层(Collect)收集来自物联设备的数据,数据采集层是指用来收集物联设备数据的一系列技术,这些数据是物联设备以每小时、每分钟或每秒方式的时间序列发送的数据。第 4 个组成部分是学习层(Learn)。与在 IoP 应用领域的应用程序引导人们输入信息的方式不一样,物联网应用程序会持续不断地获取物联设备的数据。这是第一次,人们可以通过设备层得知所使用的机器设备在医院、油田、建筑工地或者农场等的工作情况。最后,人们不禁要问,这些技术是做什么用的? 这种业务的产出是什么?执行层(Do)描述了物联网的软件应用和业务模式,它们受物联设备制造公司及物联设备使用用户(如航空公司、农场、医院等)的影响。如前所述,物联网框架的每一层都有许多供应商提供支持,其中的一些供应商如图 2.2 所示,这些供应商在本书中其他部分也会提到。

图 2.2　互联网就是应用平台

2.2　设备层

　　企业物联设备,无论是联合收割机、工业打印机、基因测序仪、机车还是血液分析仪,都将变得越来越智能,连接功能更强。如果要建造新一代机器设备,就得考虑传感器、CPU 架构、操作系统、封装和安全性。目前,传感器性能也遵循摩尔定律,其价格会逐年大幅度地降低。这些传感器会越来越多地连接到价格低廉的计算机上,这些计算机可以是简单的微控制器,也可以是支持 ARM 或 Intel 指令集架构的高性能 CPU。选择的处理器功能越强,就能支持功能越强的软件。虽然新一代机器越来越多地进入市场，它们拥有众多的传感器及网络连接能力，但是还有一些传统的、不能联网的机器设备依然在生产。

同样地，一些新创立的软件和硬件公司提供解决方案来加快物联设备/机器设备拥有更多的传感器。如阿托姆顿公司（Atomiton），这家公司由通用数字公司（GE Digital）的首席技术官和首席商务官创建，它提供一种新的软件栈——A-Stack™，这种技术可以便捷地为一台机械设备增加传感器的数目。目前已成功地应用在石油和天然气行业。

一个例子是荷兰的皇家沃帕克公司（Royal Vopak）为石油和其他液体的存储提供的解决方案。在终端，有些储藏罐中的液体需要加热到适当的温度，使其具有足够的黏度来用输送管道传输。另外，输送管道和泵站也是用电大户。皇家沃帕克公司使用阿托姆顿公司的软件把传感器安装到油箱上，以智能化方式把管道传输的运营挪到用电非高峰时段进行来降低用电成本。

另一个例子是安佩尔公司（Amper），它是由一群西北大学的毕业生建立的。安佩尔公司已经研制了非侵入式传感器，该传感器能安放在配电盘内以便更加有效地观察旧设备的运行状况。另外，阿奇系统公司（Arch Systems），一家由斯坦福大学博士创建的公司，以优化业务绩效为最终目标，提供了一系列用设备智能化改造的解决方案，设备改造使公司能够实现实时可视化监控、提高设备利用率及增加分析功能。

当然，任何一家制造机器的公司不仅让机器设备连接功能更强、更加智能化，同时也涉及新的业务模式。通用电气公司（General Electric，GE）的副董事长丹尼尔·海因策尔曼（Daniel

Heintzelman)在斯坦福大学为我的课程做客座演讲时,谈及了前董事长兼首席执行官杰克·韦尔奇(Jack Welch)对公司的影响。读者也许不清楚韦尔奇是如何把通用公司从一个机器设备(如喷气发动机)供应商转变为机器设备提供服务合同的服务商的。如今,通用公司的服务业务占其总营收的 50%。虽然通用电气公司和其他一些公司已建立了经常性营收服务业务,但它仍然是特例。直到设备制造商着手使机器设备更加智能化、连接功能更强时,总营收的增长才会变慢。

发表在 2014 年 11 月的《哈佛商业评论》杂志上的《智能、互联的产品正在改变竞争》一文中,哈佛大学教授、PTC 公司董事会成员迈克尔·波特(Michael Porter)和 PTC 公司首席执行官吉姆·海佩尔曼(Jim Heppelman)阐述了 PTC 公司的未来发展规划及公司在新一轮竞争中面临的十大战略选择。他们写道:"智能互联产品正在改变用户创造价值的方式、公司参与竞争的模式及竞争本身的界限。这些转变将会直接或间接影响绝大部分的行业。然而,智能互联产品产生的影响将会更加广泛。它们会影响整个经济的发展轨迹,为 PTC 公司及其客户,乃至全球经济带来基于 IT 驱动生产率增长的新时代。"

2.3　网络连接层

正是因为物联设备接入互联网,才有了物联网的概念。物联设备可以通过多种不同的方式接入互联网。物联设备接入互联网需要一系列技术,这些技术与传输数据量的大小、传输距离及传输能力等因素有关。此外,在网络框架较高的功能层上,有多种选择来管理网络连接和保护网络安全。

人们不难想到,思科公司及其董事长一直坚称接入互联网的机器设备将要比人更多。在几年前斥资 14 亿美元收购贾斯珀公司(Jasper)时,他们已付诸于行动。还有一些公司,如艾拉网络公司(Ayla Networks),致力于简化网络硬件和软件以便把产品接入网络。如果想要做一个联网的咖啡机,人们就得聘请技术人员设计开发,然后自己动手去做,或者从艾拉网络公司买一个。另外,泰尔科斯公司(Telcos)也提供物联网解决方案。举个例子,威瑞森连接公司(Verizon Connect)专门从事把交通运输机械设备群组(汽车、卡车)接入互联网络的业务。

在网络连接层协议栈的高层,也有一些公司做了一系列工作,包括亚马逊公司(Amazon)、PTC 公司和雅培公司(Abbott)。亚马逊公司提供基于 MQTT 的服务。PTC 实施了阿克塞达(Axeda)、Thingworks 和 ColdLight 的投资组合收购,在 Thingworx 品牌下简化了新旧机器设备的连接方式,这些软件支持 100 多种传统的协议。

人们也看到了物联网在行业纵向领域的成就。例如,雅培公司最近收购了阿莱尔公司(Alere),该公司开发了各种连接实验室仪器设备的协议,这些协议支持连接雷度米特(Radiometer)、贝克曼(Beckman)、罗氏(Roche)、西门子(Siemens)、飞利浦(Phillips)及诺瓦生物医学(NOVA Biomedical)等公司的仪器。

2.4　数据采集层

　　当然,如果不采集数据,把机器设备接入互联网是没有意义的。数据可以是机器设备本身的,如油压、激光功率级和轴承温度,也可以是描述机器设备周围环境的常态(nomic)数据,例如染色体数据(如 DNA 序列)、农业数据(如土壤中的硼含量)。物联设备生成的庞大数据量远远多于 IoP 应用程序生成的数据量。

　　数据可以通过多种方式收集。在过去,机器数据被存储在时间序列数据库中(也叫作历史数据库),如傲时软件公司(OSISoft)的 PI 数据库、施耐德公司(Schneider)的 Wonderware 数据库及爱斯派科技公司(Aspect Technologies)的 InfoPlus 数据库。这类软件大部分是在 20 世纪 90 年代开发的,目前市场上新一代时间序列数据库是由像 InfluxData 或 Timescale 这样的公司开发的。

　　OT(操作技术)数据通常被采集到时间序列数据库中,而以往的 IT(信息技术)数据被收集在 SQL 数据库中。这包括一些公司的大规模数据仓库技术,如天睿资讯公司(Teradata),或者云解决方案,如谷歌云(Google Cloud)的 BigQuery 服务,亚马逊公司网络服务(Amazon Web Services)上托管的 Redshift 及 Snowflake 云服务。

2.5　学习层

随着物联设备生成的数据量增大，人们需要用合适的技术来学习这些数据。学习和分析的软件产品将包含查询技术、有监督和无监督的机器学习技术等。以往人们主要关注 IoP 应用程序，大多数应用于学习的技术已应用到与人相关的数据学习中。和整个技术栈的其他组件一样，未来基于物联设备数据的机器学习仍大有改进空间。不幸的是，如果我们不着手创新学习方法，那么在很多场合数据最终会被"数字化排放"——没有采集，也没有分析。

幸运的是，基于开源技术和云服务的结合可以快速地实现构建现代化分析的 IT-OT 应用程序。目前，至少有 16 种不同的技术类别和 132 种不同的软件产品可供选择：

（1）计算和存储云服务（如 AWS EC2 和 S3）。计算和存储云服务按需要提供计算和存储资源，由服务提供商管理。人们可以在本地计算和存储上构建分析应用程序，但这将会增加所需的技术决策数量，提高固定设备和人员管理资源的前期成本。

（2）容器编排。威睿公司（VMWare）开创了创建虚拟硬件机（VM）的先河，但 VM 是重量级的，而且是不可移植的。现代分析应用程序使用基于操作系统级虚拟化的容器，而不是采用硬件虚拟化。容器编排根据用户工作量安排计算、网络和存储等资源，比 VM 更容易构建。另外，由于容器编排与底层资源和主机文件系统是分离的，因此可以通过云和操作系统分发进行移植。例如，这种容器平台有 Kubernetes、Apache Mesos 和 Docker Swarm。

（3）批量数据处理。随着数据集的规格越来越大，分析应用程序需要一种能有效处理大型数据库的方法。过去使用一台大型计算机来处理和存储数据，而现在的批量数据处理软件可以把商用硬件数据聚合在一起并行分析大型数据集。这类软件产品有 Amazon EWR、Hortonworks 和 Databricks。

（4）流数据处理。当分析应用程序被设计用于与准实时数据实现交互时，需要应用流数据处理软件。流数据处理软件具有 3 个主要功能：

① 发布和订阅记录流；

② 以容错、持久的方式存储记录流；

③ 当记录流出现时，具有处理记录流的能力。

这类软件的供应商有 IBM Streams、Apache Kafka 和亚马逊公司的 Kinesis。

（5）软件预配置。从传统的裸机到无服务器，基础设施的自动化预配置是自动化分析应用程序运行生命周期的第一步。软件预配置软件用来配置最新的云平台、虚拟化主机与管理程序、网络设备及裸机服务器。在任何进程流水线（process pipeline）中，软件预配置应用程序都提供网络连接工具。这类软件产品有 Puppet、Chef、Ansible 和 SaltStack。

（6）IT 数据采集。大多数 IT 应用程序建立在 SQL 数据库之上。任何分析应用程序都需要具有能够从各种各样的 SQL 数据源处收集数据的能力。这类软件产品有 Teradata、Postgres、MongoDB、Microsoft SQL Server 和 Oracle。

（7）OT 数据采集。对于与传感器数据有关的分析应用程序来说,它需要收集和处理时间序列数据。传统历史数据库有傲时软件公司的 PI 和万维公司(Wonderware)的数据库。甲骨文公司提供了一个扩展到包括时间序列数据的传统数据库技术的示例。还有一些公司提供新的数据存储软件产品,如 InfluxData、TimeScale 等公司。

(8) 消息代理。消息代理是一个程序,它把发送器消息传递协议发送的消息转换为接收器消息传递协议。这意味着当消息来自成百上千甚至数百万个端点时,需要一个消息代理来为这些消息创建一个集中存储区/处理程序。这类软件产品有 RabbitMQ、Redis 和 MQTT。

(9) 数据流水线编排。数据工程师创建数据流水线用来协调数据从源头到最终目的地的移动、转换、验证和加载。数据流水线编排软件允许标识要运行的所有任务的集合,这些任务以某种能反映它们的关联关系和相关性的方式集合。这类软件产品有 Airflow、Luigi 和 Nifi。

(10) 性能监控。任何应用程序(包括分析应用程序)性能都需要进行实时性能监控来判定其存在的不良问题,最终预测其性能。这类软件产品有 Datadog、New Relic 和 Yotascale。

(11) CI/CD。持续集成(CI)和持续交付(CD)软件支持一套工作原理和应用集合,使分析应用程序开发团队可以频繁、可靠地传送代码更改。这种实现也称为 CI/CD 流水线,是 DevOps 团队采用的最佳方法之一。这类软件产品有 Jenkins、Circle CI 和 Travis。

(12) 后端框架。后端框架由分析应用程序开发环境中的服务器端编程语言和工具组成。后端框架通过提供每个人都需要的软件来加快应用程序的开发速度,如设置用户权限软件。这类软件产品有 Flask、Django 和 Rails。

2.6　执行层

也许有公司拥有资源去雇佣程序员、数据科学家、机器学习和DevOps 方面的人员,在公司内部构建自己的行业专用应用程序,然而正如人们在 IoP 领域中看到的那样,也会有第三方应用软件公司参与其中。这些应用程序服务于员工(如工厂经理、操作员和服务人员)而不是程序员。在 IoP 领域,有横向应用程序(如collaboration、ERP、CRM),同时也有纵向应用程序(如收入管理、筹资、离散制造)。人们将会在物联网中见到同样的东西。

在纵向应用领域,有些公司投入全部精力做车队管理应用程序,如圣莎拉公司(Samsara)。还有些公司专门开发横向应用程序,如奥姆内察公司(Oomnitza),它提供个人计算机、笔记本电脑和手机资产管理应用程序,并且把其应用程序扩展到其他智能机器的管理(如自助服务终端、虚拟机器等)。

莱西达公司(Lecida)是一家由斯坦福大学学生创建的公司,他们把新一代人工智能技术和机器传感器的数据结合起来使机器设备实现智能化,当机器设备出现异常时能够主动示警。随后,不管用户身在何处,莱西达公司依托一个现代化的协作环境平台,通过远程对话提供正确的处理流程和机器设备专家指导来解决出现的问题。

当然,无论这些应用程序是购买的还是自己开发的,它们最终还得推动业务产出。随着机器设备越来越复杂,并且越来越多地由软件控制,过去积累的软件维护与服务经验也能用于机器设备服务。一些软件行业的从业者已经看到,把交付软件作为服务的业务模式的转变已经彻底改变了这个行业。

2.7 总结

后续章节将使用设备层、网络连接层、数据采集层、学习层和执行层的物联网框架。本章深入讲解了物联网框架的各个功能层及其基本原理,并说明如何把原理付诸于实践。后续章节将讨论几个完整的物联网解决方案,在这些方案中,有的是由精细化设备制造商实施的,而有的是由设备使用者实现的,他们把物联网应用到了精细化农业、电力、供水、医疗保健或交通运输等领域。

第 3 章

设备层原理

企业物联设备，无论是基因测序仪、机车还是水冷却器，正变得越来越智能，信息连接更广泛。本章介绍建造新一代企业物联设备的基本原理。现在，传感器性能也遵循摩尔定律，价格会逐年变得越来越便宜。人们会越来越多地把它们连接到计算机上，计算机选用可以从功能简单的微控制器到支持 ARM 或 Intel 指令集架构的高性能 CPU。功能强大的软件系统需要性能卓越的处理器，因此，本章也将会介绍一些基本的操作系统。最后，本章将讨论与建造企业物联设备有关的安全基础。

3.1 传感器

传感器有数百种之多，但本节仅介绍智能手机中用于获取特定信息的传感器。首先从一种最常用的传感器——加速度传感器入手。顾名思义，加速度传感器用于测量手机相对于自由下落的加速度，也用于确定一个设备沿其 3 个坐标轴的方向。应用程序（App）使用加速度传感器数据来判断手机是水平的还是垂直的，以及屏幕是朝上的还是朝下的。陀螺仪是另一种能提供方向信息的传感器,精度更高,可用于检测手机的旋转幅度及其方向。

磁力传感器测量磁场的强度和方向,手机中的指南针和金属检测应用程序使用这个传感器的数据来确定方向和探测金属。

接近传感器在工作时发射一束红外线,当检测到被测目标时,被测目标反射这束红外线,再被接近传感器接收。接近传感器安装于手机的耳机附近,当它检测到手机处于通话状态时,关闭手机屏幕。

手机还配有光传感器用来测量环境光的亮度,根据光传感器数据来自动调节屏幕显示亮度。

有些手机还配有内置测量大气压力的气压计,用它来确定海拔高度,以此来校正 GPS 的精度。此外,手机都装有温度传感器,有的手机还不止一个。如果检测到某个部件过热时,系统会自行关闭以防止损坏手机。

三星公司(Samsung)率先在 Galaxy 手机中使用了空气湿度传感器,应用程序使用空气湿度传感器数据来判断用户是否处于"舒适区"——最佳的空气温度和湿度区域。

计步器是一种用于计量用户行走步数的传感器。相当多的手机只使用加速度传感器数据来计算行走步数,但专用计步器更加准确和节能。谷歌 Nexus 是少数几款内置计步器的手机之一。有的手机还配有心率监测器,如 Galaxy X5,通过检测手指血管微弱的脉动来监测心率。当然,大多数苹果手机和谷歌 Pixel 手机用户都知道指纹传感器能代替锁屏密码。

最后将要介绍的是,有的手机还配置了一个人们意想不到的传感器——辐射传感器。夏普 Pantone 5 手机配备了一个应用程序来测量用户所在区域的辐射水平。如果把话筒和摄像头也包括在内,一部手机至少有 14 种不同的传感器。这些我们后面还会讲到,然而它们只是所用传感器中的一小部分而已。

3.2　计算机体系架构

所有网络连接的智能机器设备都包含某种能够运行软件的中央处理单元(CPU)。由于物联设备受功耗、外形尺寸及成本的限制,选用 CPU 基本架构时得做一些折中的考虑。

在物联网的最底层有多种类型的微控制器,它们具有简单功能的指令集,对存储器访问较少,功耗低。如 Arduino,采用爱特美尔公司(Amtel)的 8 位 ATmega 系列微控制器。外形尺寸小、价格便宜和功能简单的物联设备可用微控制器,下面介绍的是使用全功能指令集的 CPU。目前,这类 CPU 要么出自 ARM 公司,要么出自英特尔公司(Intel)。

ARM 处理器是一种精简指令集计算机(RISC)处理器,与个人计算机中传统的 Intel x86 处理器相比,ARM 处理器需要极少的硬件资源来执行指令集,降低了成本、发热量和功耗。例如,Raspberry Pi 使用的是一款 32 位的 ARM 处理器;Apple A7 是苹果公司设计的 64 位 ARM 处理器,用于驱动手机和平板电脑。

虽然 ARM 处理器被广泛使用，但 Intel 的 x86 架构仍然主宰着服务器和笔记本电脑市场，拥有丰富的软件开发工具。Intel Atom 是英特尔公司超低功耗微系列处理器的典型代表。

3.3 软件系统

有多种操作系统或运行环境用于物联网终端设备。本节着重讨论软件系统所需内存空间、软件开发环境和实时处理的要求。

3.3.1 内存空间

在计算处理中，可执行程序占用内存空间的大小指明执行该程序的实时内存要求。大程序要占用的内存空间大。通常软件本身不会用到其占用内存空间的最大值。相反，运行环境引入的数据组织结构可增加占用内存的空间。比如在 Java 程序中，占用的内存空间主要是 Java 虚拟机（Java Virtual Machine，JVM）运行环境。

3.3.2 软件开发环境

软件开发环境，有时称为集成开发环境（Integrated Development Environment，IDE），是一种为计算机程序员提供的程序开发综合平台的软件。软件开发环境通常由源代码编辑器、代码自动生成工具和调试器组成。Arduino 平台提供用于微控制器编程的 IDE,支持 C、C++ 和 Java 等编程语言。企业物联设备的建造者应考虑需要为程序员提供什么样的 IDE。

3.3.3　操作系统

操作系统,或者运行环境,通常包含许多应用程序调用的软件。在 IoP 应用领域,有大家熟知的 Linux 和 Microsoft Windows 操作系统;而在物联网 IoT 应用领域,需要另外一种叫作实时操作系统的操作系统。

实时操作系统(Real-Time Operating System,RTOS)是一种针对时序要求严格的应用程序提供服务的操作系统。处理时间要求(包括任何操作系统延迟)在 0.1s 甚至更短的时间内。RTOS 的一个关键特性是接收和完成一个应用程序的任务所花费时间的一致性程度。在 RTOS 中,重要的是最小的中断延迟和最小的线程切换延迟,而不是评价其在给定的时间段内执行的工作量,它们是评价操作系统响应的快速性和可预测性的指标,以风河系统公司(Wind River)为例,它的 RTOS 用于支持实时处理。当然,随着处理器的速度越来越快,智能设备的需求越来越广泛,在有些情况下不会采用传统的操作系统。

另外,Android、iOS 和 Windows 等操作系统是为 IoP 开发的,在构建用户界面方面投入了相当大的精力。但是为什么用于压缩机、高空作业平台和风力发动机的操作系统也需要用户接口呢? 有一些类似阿托姆顿公司的软件公司已着手开发一类物联网所需的软件,其目的是在物联网上便捷地进行传感器的增删、网络安全的管理及软件的升级。

3.4　网络安全

物联网安全涉及很多方面。本节重点讨论软件的安全性和完整性。毕竟，不安全软件造成的安全漏洞比其他方面要多得多。

3.4.1　安全启动

每当机器设备上电启动时，第一个运行的程序称为"引导程序"（the boot）。安全引导程序通过阻止加载没有合法数字签名的软件来保护整个引导过程的安全。当安全引导程序有效时，引导程序便把密钥写入所用的固件中。一旦写入密钥，安全引导程序只允许加载具有密钥的软件。

3.4.2　杜绝不良软件

人们都熟悉笔记本电脑或个人计算机上的杀毒软件。杀毒软件是为检测可能危害计算机的不良软件而开发的。例如，著名的Stuxnet病毒，专门针对用于控制机器设备的可编程逻辑控制器（Programmable Logic Controller，PLC）。Stuxnet病毒控制了伊朗铀浓缩工厂的离心机，离心机是用来分离核材料的。Stuxnet病毒先把使用微软Windows操作系统和网络的计算机作为攻击目标，然后再寻找安装在计算机上的西门子（Siemens）Step7软件。据报道，Stuxnet病毒几乎毁掉了伊朗1/5的核离心机。

3.4.3　使用完全优良的软件

补丁是一种用来更新计算机软件的程序。一些补丁程序用来改善软件的可用性或性能,还有一些补丁程序用于修复安全漏洞。补丁程序管理是制订修复对策、规划补丁程序的应用对象和修补时间的过程。在 IoP 应用程序中,像威睿(VMware)、甲骨文和微软等公司每年要发布数百个与安全有关的补丁。

3.5　标准

实际上,人们可以把计算处理和网络连接添加到任意一台机器上,从而实现互联网上的信息传输。除此之外,还需要建立一致的、易于理解的协议标准用于电子数据交换。标准有助于推动制造商之间的兼容性和互操作性。标准还可以简化产品开发和缩短产品上市时间。本节将简要介绍用于机器设备与互联网通信的 ISO 15143-2 标准,以及用于车辆内部通信的 SAE J1939 标准。

3.5.1　ISO 15143-2 标准

在建筑行业,建筑施工现场的电子数据交换已是一项关键技术,它能通过物联网从人工处理方式向自动化数据采集和通信方式发展。

为此,美国设备制造商协会(the Association of Equipment

Manufacturers,AEM)和设备管理专业人员协会(the Association of Equipment Management Professionals,AEMP)共同制定了 ISO 15143-2 标准,用于土方机械、移动机械和道路施工机械。未来设备制造商或者供应商直接以标准化格式提供数据给设备业主,同时,为了使拥有多种类型机械设备的业主使用便利,ISO 15143-2 标准定义了一种数据格式。

另外,它还定义了一组网络服务,提供与车队及其相关的车载通信数据信息。一组机械设备群组信息通常可作为互联网上的一个资源,它具有一个已知的 URL(Uniform Resource Location)。任意数量设备群组的车载通信数据信息都能通过特定的 URL 表示。客户端通过向给定的网址服务器发送 HTTPS GET 请求,就可以访问这些资源。服务器用一个设备信息文档响应请求,该文档的词汇表是用 ISO 15143-2 标准定义的。

3.5.2 SAE J1939 标准

美国汽车工程师协会(the Society of Automotive Engineers, SAE)制定了 J1939 标准,该标准定义了实现用于车辆零部件之间通信和诊断的推荐方法。该标准起源于美国的汽车和重型卡车行业,目前也在世界其他地区被广泛应用。

SAE J1939 在 7 层 OSI 网络模型中定义了 5 层,包括控制器局域网(CAN)ISO 11898 规范。在 J1939/11 和 J1939/15 标准下,数据通信速率规定为 250kbit/s;在 J1939/14 标准下,数据通信速率为 500kbit/s。

在商用车辆领域,SAE J1939 用于整个车辆的通信,其物理层以 ISO 11898 标准定义。牵引车和拖车之间的通信采用另一种物理层,采用 ISO 11992 标准定义。

当然,仅靠标准并不能带来技术革新。我们仍然需要为建造过程中使用的机器设备添加计算和连接,最终使制造商、业主和用户在施工现场的效能更高、安全性更好。

3.6　封装

——

封装是电子工程领域的一门重要学科,它包括各种各样的技术。封装必须考虑防止机械损伤、散热、射频噪声发射和静电放电等问题。小批量制造的工业设备可使用标准化的、商用化的配件,如插件架、预制盒体等。大众消费设备可用专业化封装方法以增加对消费者的吸引力。

片上系统(System on a Chip,SoC)是一种高容量封装技术。SoC 芯片把计算机和其他电子系统的所有元器件集成在单个半导体集成电路芯片上。它具有数字、模拟、混合信号及射频等功能。SoC 和微处理器相比,功能上只有度的差异(没有质的差异)。微控制器通常只有不到 100KB 的存储器,与同一等级的微控制器相比,SoC 可作为功能强大的处理器使用,能运行占用较大内存空间的软件(如 Linux)。如果对于一个特定的应用,构造一个 SoC 芯片难以满足要求,另一种实现方法是系统封装(a System in Package,SiP),也就是把一组芯片组合在一个封装内。在大批量需求的情况下,SoC 比SiP 更划算,因为 SoC 能提高成品率,封装方法也比较简单。

下一章将介绍几个企业物联设备的案例。

第 4 章

设备层的应用

今天,手机有多达 14 个传感器,花 100 美元就可以买一台功能强大的计算机。这在一定程度上解释了为什么包括建筑业在内的各个行业的物联设备变得越来越智能化和感知化。

本章将介绍几种用于建筑行业的机器设备,另外,还将阐述这些机器设备智能化的方法。

4.1 履带式装载机

首先介绍履带式装载机,履带式装载机在施工现场可以完成绝大多数施工任务,是许多公司车队的重要部分。履带式装载机由履带底盘(非轮式)和挖掘与装载物料的装载机组成。

20 世纪 80 年代中期,竹内公司(Takeuchi)推出了世界上第一台紧凑型履带式装载机。目前,竹内公司已研发了包括 TL12V2 在内的 5 种型号系列的履带式装载机。

TL12V2 履带式装载机都配备了竹内设备群组管理系统 (Takeuchi Fleet Management,TFM)。在机器设备层,TFM 是由

ZTR 控制系统的车载硬件系统实现的,竹内公司在装载机制造时安装了该硬件系统。车载传感器把数据送入控制单元,通过与机器设备的 CAN 总线建立连接,TFM 从控制单元获取数据。

支持 TFM 的竹内装载机提供一系列传感器采集的信息,包括发动机扭矩、喷油器计量轨压力、液压油温度、装载机位置、发动机转速、蓄电池电压、发动机油压、发动机冷却液温度、油位、油耗率、过滤器(Diesel Particulate Filter,DPF)状态、行程表及最近一次通信的消息等。此外,这些装载机还提供基于 J1939 协议标准的故障代码及竹内公司制定的故障代码。

4.2　高空作业平台

高空作业平台是一种空中升降平台,它由液压臂支撑,液压臂具有绕过障碍物的能力。伸缩升降平台有两种形式:铰接式和套管式。铰接式伸缩升降平台有弯曲的大臂,能够轻易地移动工作吊篮绕过其他物体;套管式伸缩升降平台有伸直的大臂,通常具有较高的载重能力,但操纵难度较大。

捷尔杰公司(JLG)是伸缩式作业平台、剪叉式作业平台、伸缩臂式叉装车、仓库堆垛升降机和多功能工程车的一流设计商和制造商。捷尔杰公司的 12m、18m 和 24m 高空作业平台占有市场 60%的份额。这些高空作业平台安装了美国轨道通信公司(ORBCOMM)的 PT7000 系统,可连接到机器设备的 CAN 总线上。PT7000 系统的传感器检测设备位置、电源开/关状态、蓄电池电量、设备的工作周期、载荷类型、发动机转速、故障代码、工作或停工时间、油耗、蓄电池电压和工作区域地理围栏的状况等。

PT7000 系统有 4 个数字输入、2 个数字输出和 4 个模拟输入，支持 J1939 协议和 J1798 协议，这意味着它能支持多 CAN 总线网络通信。它由机器设备供电，还设置了一个 9V 备用电池。

4.3　改装现有设备为智能设备

施工设备服役年限为 7 年或更长时间，租赁代理商或承建商会对现有设备进行改装，从而使设备具有连接到互联网的功能。联合租赁公司(United Rentals)就是一个例子，它有 45 万多套施工设备需要改造。很多用户会说，如果能从机器设备上获得 12V 电源，不管是发动机还是蓄电池，那么我们希望在机器设备上安装车载系统。

联合租赁公司的改造策略是与 ZTR 公司合作的，ZTR 公司设计了 3 种解决方案：

4.3.1　临时方案

临时解决方案是使用便携式直接跟踪(Slap Track)装置，这是一种小巧的、可连接到机器设备上的 M4 模块，安装到机器设备上用来提供其位置，以及通过振动检测估计的运行时间。这种装置主要用于短期的安装使用，采用具有 56 路 GPS 接收器的 4G LTE

Cat 1 蜂窝网络无线电通信,符合 IP 67 标准(IP 67 是指防护安全级别),集电源、GPS、通信系统于一体,易于安装,能够承受恶劣的工作环境。

4.3.2 改装方案

改装解决方案是使用 M6 系统,该系统提供基本的设备连接功能,可查看机器设备的运行时间、设备位置、蓄电池电量、电池低电压警报、油位和输出控制等。M6 系统使用具有 3G HSPA 后备功能的 4G LTE Cat 1 蜂窝无线电通信,GPS 由 56 路 GPS 接收器和内置天线提供以满足 GPS 和蜂窝通信的需求。

ZTR 公司的 M6 系统设计为适用于各种各样机器设备的改装,可安装在机器设备的任意位置。它符合 IP 66 标准,由 12V 和 24V 电池电源供电,具有内置天线和连接器的安全带,是一种易于安装、切实可行的解决方案。

4.3.3 安装新的高级监控系统

在现有机器设备上安装新系统也是一种解决方案,ZTR 公司提供的 M8LZT 系统,具有高级连接和监控功能,这些功能集成到设备上的采用 J1939 协议标准的 CAN 总线网络中,用来提供机器设备的运行时间、位置、发动机数据、设备故障、气体排放数据、能量再生状态、油位和其他设备传感器数据。

M8LZT 系统配备可选的 4G LTE Cat 1 或 3G/2G 转换器,56 路的 GPS 接收器,可在全球范围内使用。另外,M8LZT 系统还带有 BLE(Bluetooth Low Energy)蓝牙(Bluetooth®)连接,能连接具

有蓝牙接口的装置及传感器,并采集数据。

4.4　柴油发动机

在相同体积和质量的情况下,4 缸康明斯(Cummins)QSB4.5 T4(Tier 4)发动机的输出功率为 82.5～122kW,与一些 6 缸发动机的性能相当。Tier 4 是指美国环境保护局(the Environmental Protection Agency,EPA)制定的一系列排放要求,用于降低新型非道路用柴油发动机的颗粒物质、氮氧化物和其他有害物质的排放。

由于有高效的变流量涡轮增压器优化增压,QSB4.5 T4 发动机的燃油系统不仅可以控制和降低颗粒物质,还可以促使实现油门快速响应。另外,电子控制模块(Electronic Control Module,ECM)能在每个燃烧循环中实现多次喷射,从而在增加功率输出的同时降低噪声。

增加发动机的功率需要改善空气处理的质量,康明斯公司的直接流量空气过滤器可实现这个功能。这种过滤器采用新型的"V-block"矩形结构来消除圆形空气过滤器滤芯空间的浪费。另外,还用一种粗选器罩的部件,在微粒到达过滤器之前将其滤除95％,这在尘土飞扬的施工现场作用显著。

QSB4.5 T4 发动机有 52 个不同种类的传感器用于发动机的保护、监测和控制,包括空气处理、燃油系统、后处理等传感器,用于冷却液温度、进气温度和压力、冷却液的液位、油压等基本参数的监测。在施工机械设备内部,每秒向 CAN 总线发送 1500~3000 条信息。

根据施工机械设备不同,这些信息分为公共信息和专用信息两大类。监管机构要求报告公共信息,设备在路上、路下或海上应用的公共信息可能各不相同。然而,康明斯公司非常重视专用信息。目前,所有数据都是事件数据,在未来将会有传感器的时间序列数据。

4.5 柴油发电机

柴油发电机常用于现场供电和备用电源,如智能化的恩格尔(Engel)逆变柴油发电机,从该发电机可以得到以下几种类型的数据:蜂窝信号百分比、发动机冷却液温度、发动机机油压力、燃油液位、最近一次通信的消息、最近一次采集数据的时间、冷却液最低温度等。

4.6 环境监测

一些施工现场容易影响周围环境,这意味着要求承建商在一定时间内把振动、噪声和空气中的颗粒物控制在最低水平。例如,一个建设项目位于医院新生儿护理中心的旁边,承建商在这种情况下必须确保没有冲击锤作业或其他干扰医生、护士或病人的嘈杂活动。

从历史上看，环境监测一直被看作一项技术含量较低的手工工作，包括现场安装的传感器、红色灯泡，以及每小时查看一次各个监测站传感器的读数及更新日志表上数字的人工检查工作。这种方法存在明显的局限性，如果施工现场出现了问题，如噪声超过限定值，无法与承建商或客户进行实时沟通。

斯堪斯卡公司（Skanska）是一家跨国建筑公司，总部位于瑞典的斯德哥尔摩，是世界上第 5 大建筑公司。斯堪斯卡公司著名的项目包括：伦敦的圣玛丽斧（St Mary Ax）大街 30 号大厦（众所周知的"The Gherkin"）、新奥尔良的大学医学中心、纽约的世界贸易中心交通枢纽和美多莱（Meadowland）体育中心，这个体育中心是全美橄榄球联盟纽约喷气机队和巨人队的主场，也是 2014 年度美国橄榄球超级杯大赛的主场。

斯堪斯卡公司与微软公司合作设计了自己的环境监控系统，即 inSite monitor。该系统能使施工团队监测现场的环境状况，采用一套实时通报施工现场环境问题的网络连接装置取代了传统的人工检查。

inSite Monitor 系统有检测温度、湿度、漏水、气压、噪声、振动和空气微粒的传感器，使用定制的高通（Qualcomm）处理器 DragonBoard 410c 硬件系统。在软件方面，inSite Monitor 系统使用 Windows 10 IoT Core 操作系统，是针对小型设备设计的 Windows 操作系统，仅需要极小的内存空间。

4.7　机器人

建筑工地的一些工作需要一定程度的重复劳动,砌墙就是如此,尤其是要砌的墙既通长又平直。

SAM100 是第一款用于现场砌砖的商用半自动砌墙机器人。SAM100 是一款协作机器人,需要在熟练的砌墙工人协助下工作。SAM100 机器人工作时,一名砌墙工人负责操作,另一名工人为其填装砖块和砂浆,还有一名砌墙工人固定系墙铁。SAM100 机器人还能清除多余的砂浆,能在拐角或其他有挑战性的地方砌砖。

SAM100 机器人的基本部件包括 1 个带有多个关节的大型机械臂、1 个用于检测砌砖点高度和距离的激光测距仪、1 对位于工作区左右两侧的挡杆、1 个 CAM(Computer-Aided Manufacturing)图纸的显示器,以及 1 个平板式控制面板。

SAM100 机器人装有多个传感器,用于测量和跟踪速度、倾斜角度、方向、外部及外壳温度、湿度、运行时间、GPS、安全等,如 SAM100 机器人测量砂浆的坍落度和质量,所有生成的数据在时间上都是毫秒级的。在砌墙工作开始之前,砌墙工人先用建筑蓝图的数字副本来实测工作区域,然后再对 SAM100 机器人编程。

通常一名砌墙工人 8h 能铺 350～550 块砖,而 SAM100 机器人每小时能铺 350 块砖,并且无须为喝咖啡和上洗手间而中断工作。

4.8　增强现实眼镜

在认定一幢建筑或空间符合规范之前,必须经过建筑检查人员的检查,即由受过专业训练的人来现场检查施工与规范不一致和违反规范的地方。传统的检查规程包括一次检查员现场巡查,检查员手持笔记板记录违反规范的地方和其他问题,如窗户密封不当、消防系统存在没有覆盖的区域等。检查人员还需以勾选列表的形式填写一个规范检查单。在现场巡查之后,检查员还要把所记录的内容打印出来,或者把它们抄录到其他格式的报告纸上,这个取决于这幢建筑所在城市市政当局的要求。

这一过程对检查人员来说,不仅极其单调枯燥,而且极易出错,因为记录的笔迹可能难以辨认,检查人员可能无法准确地回忆起当时在哪里指出了一个特定的差异,或者可能与承建商沟通有误。对于检查人员指出的差异,出现纠正遗漏和做了不必要的纠正的情况并不少见。因为这些问题仍然需要去解决,就需要工人去返工,浪费了时间和金钱。

另外的问题出现在 3D 建筑信息模型(Building Information Model,BIM)上。施工过程中的每一个阶段都有自己的模型,如机械、管道、电气和暖通,但由于没有模型设计标准,在模型组合和应用时可能会存在冲突。举个例子,管道工发现不能做工了,因为电工把电线布放在水管应铺设的地方。为了解决这个问题,现在有了另外一个人工检查环节,称为冲突检测。在这个过程中,人们把模型分割成片段,用这些片段在 3D 环境中做碰撞检验,在施工建造之前检查和发现模型存在的问题。

为了有助于这些问题的解决,增强现实(Augmented Reality, AR)眼镜被用在建设项目中。AR 眼镜能把 BIM 模型按比例地叠加和呈现到佩戴者的视野中。这样,佩戴者看见的模型呈现的景象就能与现实环境的真实情况相对应。

DAQRI 公司是一家 AR 供应商,其智能眼镜(Smart Glasses™)被应用于施工现场。智能眼镜由两部分构成:一部分为头戴装置(headband),包括光学和传感器套件,外加一个用于计算机视觉功能的辅助处理器;另一部分是计算套件,包括主处理器、存储器、存储卡和电池等。头戴装置重 335g,计算套件重 496g。这两部分还配有内置的可充电 5800mAh 锂离子电池,在正常使用情况下,电池可持续供电 4～6h。

计算套件具有与高端游戏笔记本电脑相当的计算能力,采用第 6 代 3GHz Intel ® Core™ m7 处理器、8GB 内存、64GB 固态硬盘(SSD)。DAQRI 公司使用专有的操作系统 Visual Operating System™ 和专用的视觉处理单元,可实现 6 个自由度的动作。换句话说,它沿 X、Y 和 Z 轴运动,同时,在 X、Y 和 Z 坐标之间旋转(倾斜、摆动和滚动)。

头戴装置包括多个摄像头和传感器。景深传感器为环境重建提供信息,而其他传感器则跟踪温度、湿度、噪声及位置的变化。为了实现增强现实功能,计算机将 BIM 模型与摄像机看到的图像、传感器接收到的数据、眼镜在现实环境的位置及眼镜的移动状态等叠加到一起。

基于许多因素的考虑,DAQRI 公司的 AR 眼镜没有 GPS 功能。首先,它们是为非 GPS 环境设计的;其次,GPS 的精度只能保证在几米之内,不能满足增强现实的要求。如果分层信息距离用户面前的真实空间场景有几米远的差距,会产生巨大的差异。DAQRI 设备的精度等级取决于该设备的任务需求,但一般来说,其精度要求在 1cm 之内,这种精度是通过系统内置的、基于跟踪的计算机视觉技术来实现的,它是 DAQRI 公司的专有技术。

4.9　未来的挑战

设备和机器,也就是物联设备,将会变得越来越智能化。如今,用 100 美元就可装备一套这样的计算机系统:1GHz ARM 架构的处理器、512MB 内存、2GB 闪存,它比几枚硬币大不了多少。此外,这个系统也可用 WiFi 和蓝牙,支持完整的 Linux 系统。这样的计算机系统可连接 128 个传感器,这就驱使传感器的成本要快速下降。不久的将来,如今价值 10 美元的传感器到那时只需 1 美元。目前,一个加速度传感器已经不到 3 美元了。当然,人们过去制造出了数以百万计的称之为 PC 的智能物联产品,Intel 公司在硬件方面独领风骚,微软公司在软件方面独占鳌头。未来的情形会一样吗?

保护这些物联设备的方法没有必要是一样的。人们在设计制造这一大批物联设备之时,并没有预见到把它们连接到全球网络的危险性,这像是一个追赶的游戏,也许在未来,人们能研发出具有自我保护功能的机器设备。

第 5 章

网络连接层原理

连接物联设备需要多种技术,这些技术与传输数据量、传输距离及传输功率有关。此外,在更高的功能层可以选择多种方式对连接进行管理、防护和保护。本章简要介绍与连接设备有关的基本知识及其基本原理。如果读者从事过与网络相关的工作,可跳过本章内容。

5.1 网络基础知识

在计算机网络领域,开放式系统互连(Open Systems Interconnection,OSI)模型是一个概念模型,用于描述和规定电信系统或计算系统的通信功能,它与其依托的内部结构及技术无关,其目的是使用标准协议实现各种通信系统的互操作性。OSI 模型把通信系统分为多个抽象层,在模型原始版本中,定义了 7 个功能层,如图 5.1 所示。

某一层服务其上方的一层,并由其下方的一层为它提供服务。例如,提供网络间无差错通信的层,需要其上方的应用提供所需的

| 第7层 应用层 |
| 第6层 表示层 |
| 第5层 会话层 |
| 第4层 传输层 |
| 第3层 网络层 |
| 第2层 数据链路层 |
| 第1层 物理层 |

图 5.1 OSI 模型

路径,同时,它调用下一层发送和接收包含该路径内容的数据包。这个模型是理解从纯弱电层的连接一直到应用程序层的连接等不同连接方式的一个有效框架。

5.2 数据链路层

数据链路层提供节点到节点的数据传输,这是 2 个直接连接的节点之间的链路。它检测并能纠正物理层中出现的错误。它定义了用于在 2 个物理连接设备之间建立和终止一个连接的协议,并定义了它们之间数据流控制的协议。数据链路层负责控制网络中的设备如何获得对数据的访问和传输数据的权限,还负责识别和封装网络层协议,并控制差错校验和数据包同步。像以太网、WiFi 和 ZigBee 等的连接技术都在数据链路层。

5.3　连接距离与功率

在物联设备无法与互联网物理连接的情况下（其原因与设备周边环境、地理位置或设备类型，如移动设备有关），则需要某种形式的无线技术。无线技术有多种选择：WiFi、3G、4G、ZigBee、NFC、LoRaWAN、卫星通信等。如何选择取决于功耗、通信距离、数据通信速率、成本、天线尺寸及环境等几个基本原则。

图 5.2 给出了 4 种不同连接技术的连接距离和功耗之间的匹配关系。连接距离为 30～100m 的 WiFi 需要的能量远远高于最大连接距离为 10m 的蓝牙和连接距离不到 0.1m 的 NFC。

	Wi-Fi	ZigBee	Bluetooth	NFC
功率	高	低	标准：中 低能耗/智能：低	标签：零 读取：非常低
距离	30～100m	10～20m	10m	<0.1m

图 5.2　距离与功率

一般来说，无线信号以连接距离的平方为系数衰减，这意味着如果连接距离增加 1 倍，则需要增加 4 倍的功率，也就是需要容量更大的电池。

一些应用程序可以在一个封闭的、专有的无线网络中运行。例如,麦克罗米特公司(McCrometer)的水位传感器使用 560～480MHz 的频段,这个频段已分配给此类通信。农场或供水地区可以从联邦通信委员会(FCC)购买部分该频段的占用许可,有效期为 10 年,覆盖半径为 32km。以这个频率通信,UHF(Ultra High Frequency)的连接距离可达到 1.6～19km,连接距离取决于所在地区的地形地貌。

5.4 连接距离与数据通信速率

另一种权衡是关于连接距离与通信速率的。通常,当通信频率上升时,可用带宽也会增加,但通信距离和越过障碍的能力会降低。与 900MHz 的装置相比,对于任意给定距离,2.4GHz 的装置约有 8.5dB 的额外路径损耗(3dB 是 50％的损耗)。

因此,通信频率越高,通信带宽容量越高,但需要更高的功率才能达到相同的通信连接距离;通信频率越低,带宽容量越低,但可实现较长距离的通信连接,如图 5.3 所示。然而,可惜的是,以较低的通信频率建立通信连接时,要获得相同的增益,则需要较大尺寸的天线,如图 5.4 所示。

环境对网络性能也有一定的影响,在阴雨天看卫星电视的人肯定知道这一点。通常,卫星电视的制造商会公布视线范围曲线。视线是指从天线 A 能看见天线 B,能看到天线 B 所在的建筑还不

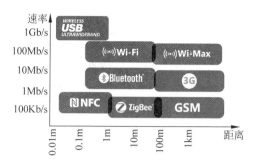

图 5.3　通信连接距离与数据通信速率

图 5.4　天线尺寸

够。对于在视线路径上的所有障碍物,会降低各个障碍物对应的视线曲线的等级,并且障碍物的形状、位置及个数都会对路径损耗产生影响。

5.5　应用层

物联网领域中最大的竞争领域之一也许是应用层,通过应用层人们可以很容易地把新设备连接到网络,同时把数据接入各种数据采集体系,如图 5.5 所示。这些将在下一章讨论。无论是做咖啡壶的,还是制造发电机的,需要面对一些实施决策问题。有统计表明有 100 多家供应商从事此领域,有如此多的终端应用要解决,就平台而言有如此广泛的技术和数据需求,因此,参与其中商家的数量并不令人惊讶。参与其中的新公司有阿雷伦特公司(Arrayent)、艾拉网络公司(Ayla Networks)及爱普电气公司(Electric Imp),它们专注于低成本的消费产品,如热水器、邮件打戳器、洗衣机、车库开门器和可穿戴医疗设备。

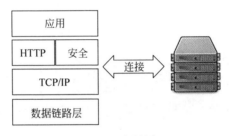

图 5.5　应用层

一些公司更关注纵向市场,如电力行业的银泉网络公司(Silver Spring Networks)。银泉公司提供 ZigBee 无线技术及更高层的连接协议。还有一些规模较小的参与者已经被规模较大的参与者收购,成为更大的物联网框架的一部分,如阿克塞达公司(Axeda)被 PTC 公司收购,2lemetry 公司被亚马逊公司收购。

此外,也有像阿帕雷奥公司(Appareo)那样较传统的供应商参与其中。阿帕雷奥公司为 AGCO 提供技术。阿帕雷奥公司还使其连接解决方案向下兼容,以支持旧的农业设备增加处理恶劣环境下数据的功能,这种环境远比家居环境恶劣得多。其中一些公司还把移动流量包打包成一揽子解决方案的一部分。ZTR 公司就是一个很好的例子，它起步于列车控制领域。

5.6　网络安全

　　网络安全从身份验证开始，通常使用用户名和密码，被称为单因素身份验证。但随着人们对网络安全的日益重视，许多网络实行双因素身份验证，这种身份验证方式需要使用本人实际持有的物品。它可能是一个特殊用途的装置，或者就像经常看到的，可以是一部手机，它从应用程序接收编码来再次进行身份验证。

　　一旦通过身份验证，防火墙就执行访问策略，如网络用户可以访问哪些服务。防火墙根据一系列安全规则监测和控制流入和流出的网络流量。它们通常在一个可信的、安全的内部网络和一个外部网络（如互联网）之间建立一个屏障，这个外部网络被认为是不安全的或不可信的。

　　防火墙也越来越多地用于检查网络上传输的潜在有害内容，如计算机蠕虫（worms）病毒和特洛伊木马（Trojans）病毒。防病毒软件或入侵防护系统有助于检测和禁止此类不良软件的活动。另外，防火墙也记录网络流量，以便审查和以后的进一步分析。

　　在连接层，加密用于保护被传输的数据，因为在物理层上没有办法保护连接并防止攻击者看到传输的数据。加密靠的是发送者和接收者之间共享的一组密钥，假设在没有大量计算机资源的情况下，尝试每个密钥的暴力攻击都不会成功。虽然加密传输可以提供额外的安全性，但是目前密钥的访问控制变得与网络安全同等重要。

随着风险因素的增加，越来越多的物联设备被接入网络并因此而公开，人们对网络安全的创新需求只会增加。目前，大多数已有的技术是针对 IoP 开发的。设备并非是人类，那么，为什么针对构建的集成访问管理（Integrated Access Management，IAM）应用程序能适用于物联网呢？像 Uniquid 公司那样的软件公司已在为物联网构建 IAM，没有人会期望牵引车、基因测序仪、铲车每 90 天更改一次密码（确保添加一个特殊字符）或回答安全问题。又比如，血液分析仪会选择什么样的检测模式作为它的常用模式呢？

第 6 章

网络连接层的应用

在不同行业和使用案例中，把物联设备连接到网络需要一系列不同的技术，这些技术与传输的数据量、传输距离、功耗及天线尺寸等因素有关。本章重点介绍实现建筑机械设备连接的几种网络连接技术。

6.1 蜂窝网络技术

在施工现场主要用的是蜂窝网络，如联合租赁公司的 Total Control® 设备组群管理系统就是通过 3G 蜂窝网络进行数据传输来实现对施工设备的管理。

同样，竹内公司的履带式装载机也是采用 GSM 850MHz、900MHz、1800MHz 和 1900MHz 频段的 3G 蜂窝网络连接的。无线运营商为竹内公司提供了一个专用 VPN(虚拟专用网)，来保护传输过程中的数据。另外，还使用了一个卫星增强系统(Satellite-Based Augmentation System，SBAS)的 56 路 GPS 装置来实现装载机的定位。

如果要为物联设备寻找一个安全可靠的无线网络的话,沃达丰公司(Vodafone)在大多数国家和地区可以做到。除了拥有 17个市场固定宽带业务,联合自己在 26 个国家的移动业务与 55 个国家合作伙伴的移动业务,沃达丰公司可实现为物联设备联网提供安全可靠的无线网络的目标。它们利用这些多重网络连接资源提供多路路由来保证高效的、高性能的网络连接,因此,即使是一个心脏起搏器,也能在全球范围内得到可靠的连接服务。

沃达丰公司还利用其经营公司之外的战略运营商关系扩大全球业务,以此增加了 600 多家漫游伙伴,并且独具匠心地把这种大规模业务与一种全球 SIM 卡业务相结合,用 SIM 卡为全球经销的产品提供单一标识信息(如产品分类管理标识)。

此外,单一的全球支持系统提供一站式解决方案,所有的一切是由一个名为全球数据服务平台 GDSP(Global Data Services Platform)的全球专用 M2M 平台管理的。

6.2　WiFi 无线网技术

为大众所熟悉的 WiFi 技术,已成为人们在办公室和星巴克(Starbucks)等地方接入互联网的首选途径。WiFi 连接距离可达30m,支持每秒几百兆比特的通信速率。与 ZigBee 和蓝牙相比,WiFi 虽然耗能较高,但仍被广泛使用在办公室环境中。

斯堪斯卡公司开发的用于环境监控的 inSite Monitor 系统可充当物联网现场网关,把传感器的数据接入到在 Microsoft Azure

Cloud 上运行的进程中。inSite Monitor 系统的网络连接到互联网是通过 WiFi 实现的,另外,还有 2 个可用于连接 MiFi 网络的 USB 端口。

网络领域引领者思科公司为用户提供 Cisco 819 集成服务路由器(Cisco 819 Integrated Services Router),它是最小的 Cisco IOS 软件路由器,具有支持集成的无线广域网 WAN 和无线局域网 LAN 的功能。另外 Cisco 819 还具有虚拟机功能,支持运行第三方软件。

在网络中使用 Cisco 819 路由器,数据通过一个安全的传输层安全(Transport Layer Security,TLS)协议传输。TLS 与其之前的安全套接层(Secure Sockets Layer,SSL)协议,二者经常被称作 SSL 协议,它们都是提供网络通信安全的加密协议。这个协议有多种版本被广泛用在不同的网络应用中,如网页浏览、电子邮件、网络传真、即时通信和 IP 语音(VoIP)等。包括谷歌(Google)、YouTube 和脸书(Facebook)等网站都使用 TLS 来保护服务器和网络浏览器之间的所有通信。

6.3　卫星技术

施工场地有时位于蜂窝网络覆盖区之外,尤其在世界各地偏远的农村地区。因此,在这种情况下,卫星传输是与机器设备通信仅有的方式。

实际上,许多机器设备上都配置了多种网络连接方式供用户选择。例如,捷尔杰公司的剪叉式作业平台和伸缩式作业平台能使用 3G 蜂窝网络、蓝牙或者 WiFi 连接，在偏远地区或矿区，也可以用卫星连接方式。

举一个建筑行业之外的例子，如铁路机车，它通常不能用 Wi-Fi 或蜂窝网络连接。为了解决这个问题，通用电气公司研制了 LOCOCOMM 系统，它是一种通信管理装置（Communications Management Unit，CMU），适用于通用电气公司和非通用电气公司制造的机车。该系统使用了一个英特尔公司的单板计算机，具有 256MB 内存和高达 4GB 的闪存，运行 Microsoft Windows NT 操作系统。LOCOCOMM 系统工作时无须外部降温，由 74V 机车电池直接供电。

除了通信功能之外，CMU 还有一个集成的 GPS 系统，提供差分全球定位系统（Differential Global Positioning System）用来增强 GPS 精度，最好的实际应用效果是，GPS 的定位精度从 15m 标称精度提高到 10cm 左右。对于少量对时间敏感的数据，LOCOCOMM 系统使用卫星传输，较大的文件可在列车到达目的地时用 Wi-Fi 传输。

6.4 ZigBee 技术

ZigBee 是基于 IEEE 802.15.4 的一套高层通信协议，用于创建小功率数字无线电的个域网（Personal Area Network）。该技术的目的是成为比蓝牙和 WiFi 更简单、更便宜的连接技术。ZigBee 的低功耗设计把数据传输距离限制在 10～100m。

ZigBee 通常用于需要低数据通信速率的应用场合,它需要较长的电池寿命和安全的网络连接。ZigBee 采用 128 位的对称加密密钥来保护网络安全,界定的通信速率为 250kb/s。

在 2000 年代初期,在机器设备还未升级拥有连网功能之前,精细化承建商公司(Precision Contractor)就卓有远见地研发了一套软硬件系统用来采集现场施工机械设备的数据。当时,一个蜂窝网络连接的价格为 30~50 美元,把 800 台机器设备连接到蜂窝网络是极其昂贵的。因此,油料控制台就用作施工现场的网络中心,通过 WiFi 或蜂窝网络与公司的服务器相连接。所有施工机械设备都用 ZigBee 连接到油料控制台上。目前,大约有 50 辆运油车支持 80 多台联网的施工机械设备接入网络。

6.5　LoRaWAN 技术

在传统意义上,无线网络解决方案只能依靠几种不同的通信技术。人们可以接受基于标准局域网技术(如 WiFi、ZigBee 和蓝牙)网络连接的有限连接距离,或支付广域蜂窝技术的费用。随着低功率广域网(Low-Power Wide-Area Network,LPWAN)的应用,新的市场正在形成。人们希望用这些新技术弥补目前广域网 WAN 和局域网 LAN 技术之间的差距,从而实现低成本的机器设备连接。

LPWAN 协议是为采用无线连接、电池供电的设备设计的。网络架构通常采用星形拓扑(Star-of-stars Topology)布局。在这个架构中,网关在终端设备与后端中央网络服务器之间中继消息。

网关通过标准的 IP 连接到网络服务器,而终端设备使用单跳无线通信方式连接到一个或多个网关。所有的端点通信通常都是双向的,同时也支持多路广播等操作,能够通过无线的或其他批量分布消息进行软件升级以减少无线通信的时间。

在 LPWAN 中,终端设备和网关之间的通信以不同的频带和通信速率进行。数据通信速率由通信距离和消息持续时间之间的折中选择来决定。由于这种技术的特点,网络中不同数据速率的通信不会互相干扰,并可建立一组虚拟通道来增加网关的容量。

LoRaWAN 的数据通信速率从 0.3kb/s 到 50kb/s 不等。LoRaWAN 使用低频(sub-GHz)频段,这意味着信号可以穿透 2km 范围内的大型结构和地下工程。

塔塔通信公司(Tata Communication)在孟买和德里试验成功之后宣布,将联合其他几个电信公司在全印度范围内建立 LoRaWAN 网络。奥兰治公司(Orange)也计划建立覆盖全法国的 LoRaWAN 网络。在澳大利亚,澳洲电信公司(Telstra)已准备在墨尔本(Melbourne)做前期试验。塔塔通信公司已选定了 LoRaWAN 技术的先驱者圣特公司(Semtech)去部署覆盖孟买、德里和班加罗尔等城市的 LoRaWAN 网络。

6.6 防火墙技术

本节借用一个石油和天然气行业的案例。位于陆地上的油气平台,传统的通信大多数是采用微波实现的,然而大型现代化钻井平台都是采用光缆通信的。在钻井平台上,网络连接了大量的设备和装置,如可编程逻辑控制器(Programmable Logic Controllers,PLC)、仪器仪表、智能终端、自动化设备及成套装置、过程控制设备等。此外,该平台采用传统的 OPC 协议(Open Platform Communications)实现与海底系统和虚拟流量计之间的通信。

因此,平台存在大量网络流量和串扰的可能性。另外,还有一些部署在钻井平台上的自动化控制器使用 UDP 广播/多路广播协议也会进一步增大网络流量。因为许多自动化和控制装置不能滤除外来的网络消息,保护这些设备免受过量流量的影响是很有必要的。

一个钻井平台通常会涉及许多家承包商,它们在平台上承建相互关联的系统。在一些情况下,网络可能会暴露给计算机病毒,这些病毒可能来自某个不知情的承包商感染的 U 盘。

出于保护平台设施的需要,一些钻井平台采用了隔离业务层和过程控制网络的架构。自动化系统网络和业务系统网络通过管理交换机和逻辑网络隔离的方式实现隔离,也可使用托管交换机来隔离。隔离区用于保护过程控制系统免受互联网和业务系统网络的影响。

某油气平台网络部署情况如图 6.1 所示。百通公司(Belden)的 Tofino 安全设备安装在冗余的艾伦布拉德利公司(Allen Bradley)的 ControlLogix PLC 之前。这些安全设备进行了配置和测试,以确保主 PLC 处理器到备份处理器的故障切换不会影响控制通信。反过来,无论 PLC 之间的切换状态如何,这些安全设备都要保持安全功能正常运转。

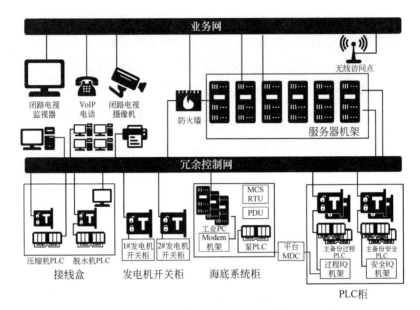

图 6.1　连接安全

6.7　面临的挑战

　　绝大多数的通信硬件和软件都是为了把人们连接到互联网而
开发的,但物联设备与人不一样,物联设备可以告诉人们更多的信
息,并且可以持续不断地与之交流。人们开发的流媒体技术可以
将大量信息(例如电影、游戏)从服务器传输给人。下一个挑战将
是开发数据从物联设备回到服务器的反向流技术。由于数据传输
速率可以控制,会使反向流网络更加高效。与流传输一样,网络要

尽量减少一些信息传输,但是当 10 万台机器设备每分钟都想要通信时,网络拓扑和控制应该是什么样子呢? 有些人认为应该给机器设备更多的"智能",同时少发送数据就可以了。但是,如果人们有低成本的采集数据方式,还能从这些物联设备中学习,为什么要让设备不发送数据呢?

最后,对于物联网的网络安全,不是出现网络安全事故后考虑去补救(就像 IoP 应用程序所做的那样),而是要设计出安全措施使受保护的网络与物联设备能实时进行信息交流。当信息流动时,对机器的身份验证、控制访问、审查和保护将非常重要。在使用物联设备时,有可能人们必须把机器设备数据(即描述机器设备状态的数据,如燃油料消耗率、柴油微粒过滤器状态)与 Normic Data(即机器实时测量的数据,如外部温度、噪声及振动程度等)分开。人们将会采取不同的策略来了解机器设备状态和测量参数。这将是接下来要讨论的问题——数据采集。

第 7 章

数据采集层原理

物联设备与人不一样,物联设备生成的庞大数据量远比 IoP 应用程序生成的多。本章将介绍物联设备数据采集和存储的基本方法,包括 SQL、NoSQL 和时间序列采集体系架构等。虽然人们都希望所有有用的数据都以一种方式存储,但现实是我们生活在一个异构世界中,因此,一些技术已发展成为能处理多个 SQL 数据库的结构化和非结构化数据。最后一点,虽然现如今许多数据被采集到企业自有的服务器上,然而,云计算提供了一种成本更低和质量更高的替代方案。

7.1 SQL 关系型数据库管理系统

SQL,即结构式查询语言(Structured Query Language),是为管理关系型数据库管理系统(Relational Database Management System,RDBMS)中的数据而设计的一种专用编程语言。与 Excel 表一样,关系数据库表由行和列组成。每行对应一条记录,每列包含一个不同类型的属性。数据库的结构通常称为模式(Schema)。

由于数据库的数据可以操作，因此，它的功能要比电子表格的功能强大得多。如使用数据库可以做以下事情：

（1）检索符合特定条件的所有记录；

（2）批量更新记录；

（3）交叉引用不同表中的记录。

RDBMS 有多种实现方式。如为了利用当前成本大幅度下降的内存来提高性能，人们已开展构建内存数据库（不是运行在磁盘存储器上）技术的研发工作。

另外，在磁盘存储器上运行的数据库，通常可通过用较大内存缓存的运行方式获得更好的性能，因为内存访问时间比磁盘访问时间要少得多。

因此，晟碟公司（Sandisk）率先使用闪存来减少对硬盘的需求。如果是近几年购买的 MacBookAir，你可能会发现整个磁盘存储器是固态的，老式硬盘找不到了。基于性价比管理存储体系的模式已经流行了好多年了，目前依然如此。

通常 SQL 数据库具有实现 ACID 特性的特征。ACID 代表原子性（Atomicity）、一致性（Consistency）、隔离性（Isolation）和持久性（Durability）。它们是服务于事务处理应用需求而产生的一系列属性。

ACID 属性的一个最好的使用案例是借贷。假设在一个交易处理中，某人从一个账户借了 1000 美元，然后贷给另一个账户 1000 美元。在这种情况下，银行要确保在本次交易过程中出现失误的情况下（例如软件、操作员或硬件出错），数据库的存储结果仍处于一致的状态。换句话来说，一次失误不会导致两个账户都是零。SQL 的这个特性广泛应用于绝大多数 IoP 应用程序中。

7.2   NoSQL

NoSQL(原指非 SQL 或非关系型)数据库提供了一种存储和检索建模方式的数据机制,而不是使用关系型数据库中的表格关系。这种方法的优势在于无模式、设计简单和更加容易水平地扩展到多个计算机群组上。NoSQL 数据库使用的数据结构(如键值、图形或文档)与关系数据库中默认使用的数据结构略有不同,这会使一些操作在 NoSQL 中较快,而另一些在关系数据库中较快。

大多数 NoSQL 数据库缺少 ACID 处理,取而代之给出了最终一致性的概念,在 NoSQL 数据库中,所有的改变最终会传播到所有节点(通常在几毫秒内),因此,对数据进行查询可能不会立即返回更新的数据。

SQL 在预先能确定需求的逻辑、关联和离散数据应用中表现较好。在这些应用程序中,数据完整性是必不可少的,另外,还要有基于标准的成熟技术和丰富的开发经验。

NoSQL 在无关联的、不确定的和变化的数据需求应用中表现较好,简单而松散的设计目标可以使编码工作立即启动,并且在开发速度和扩展性上具有优势。

7.3　时间序列

现在讨论如何从机器设备上采集数据。机器设备可以每小时、每分钟、每秒发送一次数据或每秒发送多次数据。这些数据可能是发电机的电压值、气体传感器的 CO_2 浓度或风力涡轮机的转数。把 SQL RDBMS 用于时间序列数据的关键问题是如何在数据库中处理时间序列中的每个样本。一个样本在表中是以时间标记为行、传感器的数值为列吗？如果有 1000 台机器设备，每台设备上有 10 个传感器，以每秒 20 次的速率采样，那么每天会产生 170 亿多行的数据。对于一家磁盘存储公司来说，当然会十分高兴，但大多数用户会关心数据存储的成本和效益。

因此，许多公司建立了时间序列数据库，有时也称为历史数据库（Historian），这些产品包括傲时软件公司（OSIsoft）的 PI、通用电气公司的 Proficy Historian、爱斯本技术公司（AspenTech）的 IP21 及施耐德电气公司（Schneider Electric）的 eDNA 和 Wonderware 等。

实时历史数据库就像记录飞行过程数据的飞行记录器。它不是关系型数据库，而是一个时间数据库，用来把记录存储在一个文本文件中，文件只简单地包含数据点的名称、数值、特性和时间标记。历史数据库是以加快数据的存储和检索速度为目的而设计的，通常每秒可处理数百万个事件。大多数这样的数据库设计有数据压缩功能,以降低保存大量时间序列数据的成本。

可以想到,SQL RDBMS 技术的支持者和时间序列技术的拥护者之间会有争论。时间序列支持者宣称,与传统的 RDBMS 相比,他们可把时序数据压缩 5000 倍。而 RDBMS 的支持者宣称,他们有更多的程序员和成熟的技术支持,而且磁盘存储会越来越便宜。

与传统 RDBMS 技术一样,开源社区也关注其他的技术,艾拉网络公司(Ayla Networks)和阿拉伦特公司(Arrayent)等物联网公司用 Facebook 开发了存储时间序列数据的 Cassandra 数据库系统。另一项开源成果是 OpenTSDB 数据库系统。

7.4 异构数据

7.4.1 Hadoop

Hadoop 是一种用于存储和处理大批量数据的软件技术,这些数据分散在商用服务器和商用存储集群中。在 2000 年初期,谷歌发表了一系列论文论述检索互联网时处理大批量数据的方法和设计原则。这些论文很大程度地影响了 Hadoop 的发展。其中 3 个基本设计原则是:

第一,对于数百甚至数千台存储设备来说,发生故障是常态而非意外;因此,连续监测、错误检测、容错和自动恢复必须是系统的一部分。

第二,按照传统的标准,文件数目是巨大的。几个 GB 的文件和数十亿个对象是常见的。因此,如 I/O 操作和数据块大小的设计假设和参数必须重新考虑。

第三,大多数文件是通过添加新的数据而不是覆盖现有数据来更新的,在文件中随机写入实际上是不存在的。一旦写入,文件就变成只读的,并且通常只能按顺序读取。这种访问模式用于非常大的文件,添加操作成为性能优化和原子性保证的重点。

最初,Hadoop 由一个名为 HDFS 的分布式文件系统、一个名为 MapReduce 的数据处理和执行模型组成,HDFS 把数据存储在商用的存储设备上,在集群设备中提供高聚合的带宽。另外,MapReduce 允许程序员创建并行程序来处理这些数据。

除了这些基本模块之外,专业术语 Hadoop 发展为包括一系列可以安装在 Hadoop 平台上或并行的工具,用来简化数据的访问和处理。这些工具包括:

HBase:一个 NoSQL,以 Google 的 BigTable 建模的分布式数据库;

Hive:提供类似 SQL 数据访问的数据仓库工具;

Pig:一个用于访问和转换数据的脚本语言;

Mahout:一个机器学习工具库;

Spark:一个在内存中运行的集群计算框架,用于快速批处理、事件流和交互式查询。有人认为 Spark 未来会取代 MapReduce。

7.4.2　Splunk

Splunk 来自另外一个问题领域,与检索和搜索互联网截然不同。它推动了 Hadoop 早期的大部分工作,专用于系统管理员分析系统软硬件生成的日志文件。

数据库要求在存储数据之前定义表和字段,然而,Splunk 几乎不需要做什么,它没有一个固定的模式,取而代之的是在搜索时执行字段提取操作。这种方法具有更大的灵活性。就像 Google 搜索任何网页时无须知道网站布局一样,Splunk 能检索任何能以文本表示数据的设备。

在检索期间,当 Splunk 处理输入数据并准备存储时,检索器做一次重要的修改:把字符流剪切为一系列单个事件。通常,这些事件与正在处理的日志文件中的行相对应。

每个事件都有一个时间标记,通常直接从输入行中提取,还有一些其他默认的属性,如始发端设备。然后,把事件关键字添加到索引文件中以加快随后的搜索速度,直接将数据存储在文件系统中。从可扩展性和可靠性的角度来看,这种方法是非常好的。

Splunk 尽管可以使用像用户名这样的简单搜索词来查看在给定时间段内出现的频率,但是 Splunk 的搜索处理语言(Search Processing Language,SPL)功能更强。例如,Splunk 通过使用 SPL 和类 UNIX 管道命令的组合就能知道,哪些应用程序启动最慢,使终端用户等待的时间最长。

Splunk 可以在 HDFS 上运行名为 Hunk 的产品。此外,目前还可用一些开源产品,例如:

Graylog:用 Java 编写,使用了一些开源技术;

Elasticsearch:分布式的、多租户的全文搜索引擎;

MongoDB:一个 NoSQL 的、跨平台的、面向文档的数据库;

Apache Kafka:一个消息代理系统,允许流式数据跨机器集群进行分区,并具有许多大数据分析应用程序。

7.5　云计算

目前,大部分采集数据的存储仍然采用传统的企业内部模型,由一组人员自主管理。

云计算的出现有望降低数据存储的成本和提高整体服务质量。几年以前,亚马逊公司的 CEO,杰夫·贝索斯(Jeff Bezos)宣布推出了 EC2 和 S3 的云计算和云存储服务。到 2015 年,亚马逊公司宣布其营收已超过了 60 亿美元。云计算是第一个基于新的经济模型、由技术驱动的业务模型。

云计算和云存储的主要成本不是机柜或安装机架的成本,而是管理计算和存储环境的安全、使用、性能和更换的成本。一个简单例子是,任何安全的云计算和云存储基础设施都必须确保采用了供应商提供的安全补丁程序。了解、测试并把这些补丁安装到应用环境需要人工去完成。

保守估计,每年管理云计算和云存储基础设施的成本至少是其购买价格的 4 倍。在 4 年内,要花费购买价格的 16 倍来管理这些机柜,因此机柜的成本占总成本的比例相对较小。

为了解决云计算和云存储基础设施管理成本高的问题,云服务提供商投入工程资源实现关键流程自动化来管理计算和存储环境的安全、使用和性能。管理自动化可大幅降低成本,也可以提高整体服务质量。

在运营系统中,最大的故障来源是人为错误,因此,操作自动化非常重要。随着基于云的基础设施变得越来越复杂,习惯用电子表格的人将无法管理这些设施。例如,YotaScale是硅谷的一家创业公司,有一个在亚马逊网络服务(Amazon Web Service,AWS)上托管的客户,它有123.5万多种基础设施配置可供选择,用人工方式去寻找最佳配置是一项工作量相当大的工作。

云基础设施会产生大量数据,仅一个 YotaScale 的客户每天就会产生超过 1GB 的票据信息。5 个 YotaScale 客户的底层设施每天总共产生超过 1TB 的数据。为了利用这些数据帮助客户更好地管理其云基础设施,YotaScale 构建了一个人工智能驱动的基础设施管理应用程序,使用这些信息来帮助信息技术人员了解当前云环境的状态、诊断问题、预测变化情况,有助于优化和维护云基础设施的性能、可用性及成本。

下一章将介绍几个不同行业的物联网应用系统实现数据采集的案例。

第 8 章

数据采集层的应用

一旦机器设备、资产或装置被接入网络，就可以用多种方式采集数据。第 7 章简要介绍了 SQL、NoSQL 和时间序列数据库等一些目前使用的技术。虽然只有一种数据库是最理想的，但实际情况并非如此。因此，出现了各种各样的技术来处理多源数据，就像 Hadoop 和 Splunk。本章将介绍一些数据采集原理，并用几个不同的案例说明它们是如何应用的。

8.1 联合租赁公司

联合租赁公司是世界上最大的机器设备租赁公司之一。作为一家设备租赁公司，联合租赁公司致力于提高设备的运营效率和交付设备的完美性。像系统集成商一样，联合租赁公司把多种施工平台和生产工具聚拢在一起，随时准备以良好的状态交付给客户使用。这意味着要确保机器设备加好油、清洗好、能运转、充好电和按时交付。

联合租赁公司的主要目标之一是通过有效管理租赁消费来帮

助客户节省资金,换句话说,帮助客户只租赁一个项目的工期内所需的设备。为此,联合租赁公司引入了 Total Control® 系统,该系统具有远程通信、设备及设备群组管理功能,可为租用设备和客户自有设备提供可视化监控功能来提高设备的利用率、维修保养水平和正常运行时间。

Total Control® 系统运行在 AWS 应用平台上。现场机器设备的数据被采集到 AWS 中,针对不同客户的使用情况来优化性能和数据保存,数据以不同的技术(SQL、NoSQL、文本文件等)来存储。

数据规范化处理在 AWS 网关实例中进行,因此,不同机器设备的数据能以一致的方式表示。举个例子,在一个施工平台上,对不同的数据类型,如模拟数值、离散状态或累加量,规定了标准的数据格式。

通常,聚集的数据存储 13 个月之后,会备份到冷数据存储器中保存更长的时间,并且可被重新取回再用于更大的分析项目、合同或法律核查等。

8.2　精细化承建商

一家精细化承建商是某大型集团公司的子公司,这个集团年收入约 13 亿美元。集团公司已经承建了许多重大项目,包括一座价值数百万美元的桥梁、一条为海上风电场铺设的电力电缆、从美国中西部到南部改建或新建的几座污水处理厂等。

在 2000 年左右,这家精细化承建商卓有远见地研制了一套软硬件系统，用来采集现场施工机械的数据。因为当时没有人能提供现成的机器设备车载通信数据（如工作时间和所在位置）及其燃油消耗情况的解决方案，因此，他们决定设计开发自己的系统。

所有该公司现场设备群组的运营数据都被发送到位于总部的数据中心。原始数据最初存储在一个 Microsoft SQL Server 数据库中。这些数据每天滤除一次，然后直接存储到 Viewpoint Vista ERP 系统中。该系统的日志文件包含了计时表数据和空闲时间，因此，由日志文件可检索到单个机器设备运营信息。

员工可以通过 ERP 数据库中的应用程序读取数据，这些数据以 12 个月为周期进行存档，人们可追溯项目 8 年以内的数据。

8.3　捷尔杰公司

根据使用情况不同，捷尔杰公司机器设备的数据最初放在不同的云上。例如，捷尔杰公司用自有的 ClearSky 平台来管理自有的设备群组。这个平台在 AWS 上运行。

另外，如果客户运行自己的云环境来管理施工机械设备群组，数据可通过一个 API 应用程序被采集到客户的云端。例如，捷尔杰公司接入网络的施工机械设备，在精细化承建商的设备群组中营运就属于这种情况。

在另一个应用案例中，数据先流向轨道通信公司的 FleetEdge 平台，该平台运行在轨道通信公司二级数据中心的一个第三方私有的云上，数据中心位于弗吉尼亚州。在这个案例中，数据存储在一个 Oracle Database Appliance 应用中,而这个应用在 EMC 公司的存储器上运行。数据以短期存储方式存放约 6 个月,然后,再转为长期存储方式。

捷尔杰公司把 IT 服务管理数据采集到一个特定的应用程序中。在未来,捷尔杰公司计划把它迁移到 Baseplan 平台上。Baseplan Software 公司自 1986 年以来一直服务于施工机械行业,专门为管理施工机械设备的公司提供其开发的 ERP 软件。目前,MAPICS 系统用于零部件管理,AdONE 系统用作零部件预报工具。捷尔杰公司有一个名为 Service Bench 的应用程序,与 MAPICS 系统深度集成用来提供保修管理。最后要说的是,捷尔杰公司还使用 Cisco 系统采集电话处理的数据。

8.4 竹内公司

竹内公司的竹内群组管理系统用于管理竹内公司自己的机械设备。在机械设备层面上,TFM 是基于 ZTR 控制系统的车载通信处理硬件实现的,在设备制造过程中,竹内公司在工厂已安装了这套硬件。

接入网络的机械设备的数据最初存储在 ZTR 服务器上,竹内公司每天通过标准的 API 调用一次数据。然后,把数据存储到竹内公司数据中心的一个 Microsoft SQL Server 数据库中。数据存档期为 18 个月。到目前为止,该 Microsoft SQL Server 数据库已经采集约 50GB 信息。

8.5　斯堪斯卡公司

——

斯堪斯卡公司的 inSite Monitor 系统连接在 Microsoft Azure 云上。Azure Table Storage 应用用来收集传感器数据,它是一个存储无模式数据的 NoSQL 数据库。数据由一个云服务处理进程处理,然后,以结构化数据形式传输给一个 Azure SQL 数据库,该数据库还存储 inSite Monitor 系统的配置数据,如传感器的名称和位置。此外,警报触发时会生成一条记录,也将被保存到这个 SQL 数据库中。

Azure Blob Storage 应用可用于存储用户数据和图像文件,尽管目前还没有用户数据存储——仅有图像的图标。Azure Blob Storage 应用是微软公司针对云对象存储的解决方案,已被优化用于存储大量非结构化数据。

8.6　甲骨文公司

——

增强现实技术已用于建筑建造和检查过程。DAQRI 公司的智能眼镜将数据传输到 Oracle IoT 云服务上——一种 PaaS (Platform as a Service)产品。这使得 Oracle IoT 云服务能实时得到现场设备数据,这些数据可用于企业应用程序、Web 服务,以及其他 Oracle 云服务(如 Oracle Prime 应用和 Oracle IoT Connected Worker 应用)的分析和综合。

采集的数据包括用于改善智能眼镜性能的统计分析数据和设备管理数据(如设备上安装的应用程序和软件补丁级别)。这类数据被无限期存储。

传感器数据也被采集到 Oracle IoT 云服务中,而摄像头视频数据则存放在本地 SSD(固态硬盘)上。在默认情况下,DAQRI 系统只存储其应用程序运算所需的传感器数据。

8.7　数据采集面临的挑战

数据采集技术在未来将面临挑战,我们要研究成本更低的方式用来存储物联设备的数据,同时还要设计更快的处理体系架构。

为了有数量上的感受,假设有 10 万台现场机器设备,这并没有什么稀奇的,联合租赁公司拥有的机器设备就超过了 42.5 万台,而风力涡轮机最大的制造商维斯塔斯公司(Vestas)的机械设备至少也有 5 万台。每小时仅从这 10 万台机器设备上采样一次数据,每台采集的数据量仅为 100 字节。按这个速度计算,每天将生成 0.24GB 的数据,每年是 87.6GB。把这些数据存到传统的数据库中,如 Oracle、Microsoft、Pivotal、IBM 或 Teradata,取最新咨询报告中的 5 个解决方案经营成本的平均值作为参考[①],那么,采集

---

① 　Microsoft Analytics Platform System Delivers Best TCO-to-Performance[R]，Value Prism Consulting，2014.

这批数据的成本约为 16 000 美元/GB,这个 IoT 应用的费用将达 140 万美元。

　　现在,假设还是相同数量的机器设备,但把数据采样速率改为每分钟一次。这不是一个疯狂的假设,因为目前的风力涡轮机每 5～10 秒采样一次。此外,还有一些较复杂的传感器,现在要每分钟发送 1000 字节的数据。仅仅这两个变化,现在的数据量就可达到每天 144GB,每年 52 560GB(或 52TB)。在 16 000 美元/GB 的相同成本下,5 年后,传统数据采集方法的费用将达 8.61 亿美元左右。当然,这只是把数据保留一年,而且没有增加新机器设备的情况下的费用。

　　不管怎么破解这个问题,毫无疑问,未来需要低成本的新方案。但这不仅仅是成本的问题,传统的顺序技术无力处理 52TB 的数据。当然,人们可能首先会问如何使用这些数据? 这是开天辟地的第一次,我们获得如此大量的数据,而且不需要人们手动去输入信息,那么,我们能从这些数据中得到什么呢?

第 9 章

学习层原理

随着物联设备的数据量不断增加,应用技术来学习数据的需求也在增加。本章将主要介绍数据查询技术、有监督与无监督的机器学习及聚类的原理。

机器学习算法可分为两类:有监督学习和无监督学习。有监督学习算法学习一个预测模型,把输入模式映射到期望的输出值上。为了在监督的方式下训练预测模型,必须使用一组由输入模式及其期望的输出组成的训练数据。学习过程描述为"监督",因为在训练过程中,预测模型是以要预测输出的真实值作为监督信息的。

相反,无监督学习用于寻找一组输入数据中的聚类,它不需要任何输出值出现在数据集中。因为在互联网行业,人们重点关注 IoP 应用程序,大多数应用于数据流的学习技术已用于与人有关的数据学习中。本章将介绍一些机器学习的基本概念,其中有些将用于物联设备。

9.1　数据库查询

查询是对数据子集或有关数据统计的一个特定请求,它用技术语言表示,并发布给数据库系统。有许多工具可用于回答工作人员提出的一次性或重复性的数据查询。这些工具通常在 SQL 数据库系统的前端,或者是用 GUI 图形用户界面(Graphical User Interface)建立的查询工具。例如,做一个查询可回答下列问题:"东北地区最大的 100kW 发电机组在哪里?"

当人们已经知道感兴趣的数据子种群是什么,并且想要调查这个子种群或者要确认关于这个数据集的假设时,可以用数据库查询。相反,数据挖掘首先可用来产生这个查询作为数据集的一个模式和规律。

为了便于数据探查,联机分析处理(Online Analytical Processing,OLAP)技术提供了一个 GUI 来查询大数据集合。与 SQL 等工具支持的特定查询不同,OLAP 分析维度必须预先编程到 OLAP 系统中。与 OLAP 不同,数据挖掘工具通常可以很容易地纳入新的分析维度作为数据探查的一部分。OLAP 可作为数据挖掘工具的有益补充,用于发现业务数据集中蕴含的规律。

9.2 预测

通常情况下,预测是用给定的一系列输入数据值估计一个或几个感兴趣的期望值(输出值),这些输入值通常表示成一个固定维数的向量。预测模型的工作是建立输入数据向量到期望的输出值的关联关系,这种关联关系采用数学函数形式,由一组参数或权重支配。学习算法的任务是找到这组最佳参数,这样,预测模型就能够为每组输入向量产生精确预测的输出值。

实际上,预测的输出值可以是连续的,也可以是离散的。如果预测输出是连续值,预测问题称为回归(预测模型称之为回归模型);如果预测输出为离散值,预测问题称为分类(预测模型称之为分类器)。例如,假设为健身手环设计计算法时,有两种可能的预测问题:一种是预测穿戴者的心率,预测输出是连续的,需要一个回归模型;相反,另一种是预测穿戴者的心率模式是正常的(定义为0类)还是异常的(定义为1类),预测输出是离散的,需要一个分类器。

不管是回归还是分类,预测都需要一个带标签的数据集来学习。在带标签的数据集中,每个样本都是输入向量与期望输出值(标签)构成的输入——输出对。有监督学习算法利用这个数据集来优化预测模型的参数,使模型对新数据具有良好的预测性能。为了评估模型对新数据的预测性能,通常把带标签的数据集划分为训练集和测试集。训练集被用来使用有监督学习算法优化模型参数;一旦训练完成,便可使用测试集来评估模型的性能。

9.3 异常检测

预测建模是一种强大的技术,但用它来预测系统的状态是有问题的,也无法应用上一节介绍的预测技术。

为了说明预测建模技术的不足,下面以喷气式发动机在飞行过程中健康状况的预测为例来说明。这类问题通常被称为健康监测或状态监测。具体地说,其任务是构建一种算法,能够预知发动机的运转是否正常,还是在以一种新模式或异常方式运转,新模式或异常方式可能预示发动机出现了问题。要把它作为一个标准预测问题来处理,首先得构造一个带标签的数据集,包括喷气式发动机正常运行(定义为 0 类)的样本和发动机异常运行(定义为 1 类)的样本。以这个数据集为基础,用监督方式训练一个分类器来识别正常状态和异常状态。

然而,使用这种方法很快就会遇到一个根本性的问题。如果只能收集到极少数发动机异常运转的样本,怎么办? 在极端情况下,对于设计良好的新型喷气式发动机,可能没有任何发动机异常运转的样本。在这种情况下,带标签的数据集只包含发动机正常运转的样本。

此外,即使能获得一些发动机异常运转的样本,仍然面临着如下问题:也许在未来,发动机使用多年之后出现了故障,它本质上与之前训练数据集中已有的异常样本截然不同。因此,如果发动机异常运转,人们希望能够检测到,即使这种异常状态的样本在模型训练时从未出现过。

解决这个问题的方法是一种称为异常检测的技术。异常检测方法的关键是只关注正常数据(即系统正常运行时采集的数据)。因此,该方法先建立一个只包含正常数据的模型,而不是试图构造一个识别正常状态和异常状态的分类器。然后,用"正常模型"检验新输入的数据,再评估这组数据表征系统运转正常的概率和相似度(即用来训练建立正常模型的输入数据具有较高概率)。如果正常模型对一组输入数据给出高概率,那么可以确信系统运转正常;相反,如果模型对一组输入数据给出低概率,那么则表明发动机有潜在问题,因为输入数据与训练模型的数据存在较大的差异。

这种技术的优势在于,能从像喷气式发动机这样复杂的系统数据中检测到前所未见的异常事件。

9.4 聚类

聚类是从输入数据中发现模式或"簇"的一系列技术。簇(clusters)被定义为一类具有一定相似度的输入数据向量的集合。一般地,簇是指输入数据空间中的高密度输入数据向量的显著区域,因此,每个簇中输入向量属于不同的类和组。聚类被看作在一个数据集中寻找"分组"的一种技术,这种"分组"是用简单计算、统计综合方法难以发现的。

聚类是一种无监督学习形式,只用输入数据向量,不用任何人为的标签或输出值。与异常检测的不同在于,聚类的目的是发现数据中的分组,其中的每个分组展现出具有高度相似性的输入模式;而异常检测的目的是构建一个基于全部正常输入数据的、可靠的统计模型。

一个常见的聚类应用是作为探索性数据分析(Exploratory Data Analysis,EDA)的一部分。EDA通常作为机器学习项目的初始步骤之一。即使项目总体目标是要建立预测模型或异常检测系统,为了了解数据中蕴含的模式,从聚类和可视化阶段开始通常也是非常有用的,由聚类得到的模式可能对于后续建模工作极其有用。

9.5　动态机器学习

对于许多机器学习问题，可假设数据集的每个数据对象与其他数据对象是统计独立的。例如，如果想根据住宅的相关数据（如地面面积、卧室个数、邮政编码等）预测住宅的价格，可以认为每栋住宅和其他住宅是毫不相干的，更确切地说，任何一栋住宅的数据都不能给其他任何住宅提供有用的预测信息。也就是一栋住宅的卧室数量（或者地面面积、供暖方式等）不可能影响另一栋住宅的价格，这个人们容易理解。

把这些关于住宅的数据当成相互独立的，那么，就可以用一个固定维数的特征向量表示每个对象，并且把这一组建立在所有数据对象上的特征向量集看成相互独立的，就引出了简单机器学习模型的概念。对于一个给定的数据对象，该模型简单地用一个特征向量作为输入，计算出一个感兴趣的期望值（如类标签、异常分值或簇分配）。

然而，对一些重要问题不能采取这种方法。例如，在分析来自传感器的时间序列数据流时，为了获得最优的效果必须考虑数据的时域模式。

如果用"窗"来处理时间序列获得一系列固定维数的特征向量，再把特征向量送入机器学习模型中（例如分类器），会面临许多问题，例如，窗的大小（窗越宽，用于构造特征的数据就越多；窗越窄，数据时间分辨率就越高）、每一步移动窗口的幅度是多少等。

此外,得到的窗滤波特征向量可能与一个或多个单独特征之间存在显著的相关性。因此,需要一种方法实现时间序列固有统计结构的建模,这是动态机器学习的范畴,它涉及时间序列或时间数据的分析,没有应用许多机器学习算法的时间序列固有标准独立性假设。

对于时间序列预测问题,自回归模型(以及 ARMA 和 ARIMA 等派生模型)提供了一种简单而有效的动态机器学习算法形式,对于最具挑战性的问题,状态空间模型能提供更好的预测性能,如卡尔曼滤波器(Kalman Filter)和隐马尔可夫模型(Hidden Markov Model,HMM)。

9.6 机器学习的生命周期

机器学习的过程很容易被看成一个软件开发周期。的确,机器学习项目通常被当作工程项目来处理和管理,不难理解,机器学习项目由软件部门启动,用的是大型软件系统生成的数据,再把分析结果反馈软件系统。项目管理者通常熟悉软件技术,并且能够轻松地管理软件项目。做好计划,定好目标,项目成功完成就不会遥远。

软件经理也许着眼于 CRISP(数据挖掘)周期(见图 9.1),它看起来与软件开发周期相似,因此,会以同样的方式管理分析项目或机器学习项目。这可能是一个错误的做法,因为机器学习是探究性的,而不是工程性的,承担的任务更接近研究和开发。CRISP 周期是以探索为中心，尝试所有可能的方法和策略，而不是软件设计。

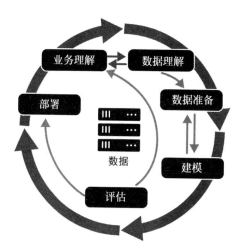

图 9.1　CRISP（数据挖掘）的生命周期

　　特征构造是指为原始输入数据确定一个合适的表示形式，使机器学习模型的性能达到最好的一项工作。特征向量是指用从原始输入数据导出的、用作模型输入的数据向量。特征构造通常是机器学习项目最重要的部分之一。对于给定的应用，优秀的特征向量与探索性数据分析、实验及先验知识相结合，能使机器学习模型获得更好的性能。

　　在机器学习输出结果没有确定之前，学习过程中某一个给定步骤的中间结果可能会使人改变对问题的根本理解，草率设计机器学习方案或分析解决方案也许是不切实际的。相反，项目分析应为投资在信息方面做好准备以减少不确定性。小规模的投资可采用前期调研和一次性原型（抛弃式原型）的研究方法。数据分析师和机器学习工程师可通过查阅文献来了解其他方法及其工作原理。对于较大规模的投资，项目团队可花钱构建实验测试台用以进行更广泛灵活的实验。如果是一个软件经理，相比他以前所做的工作，这看起来更像是研究和探索，可能以前的工作会比现在更轻松。

虽然机器学习涉及软件，但它也需要专业技能，这些技能对编程人员来说可能不曾拥有。在软件工程行业，根据需求编写出高效、高质量的代码也许是最重要的。人们可用软件度量指标来评估团队成员，例如编写的代码数量、关闭错误通知单的数量。在分析方面，对于个人来说，更重要的是能够很好地用公式表达问题、快速提出解决方案、对不完善结构问题做出合理假设、设计出能表现良好投资与分析结果的实验。建立数据分析团队时，以上这些素质是人们应该寻求的技能，而不是传统的软件工程知识，。

与传统企业软件出现的情况类似，在机器学习应用领域人们会看到新的分析应用程序出现，无论是特殊企业还是特定的垂直行业。例如，TensorFlow 和 PyTorch 等新公司正在雇佣数据分析师和 DevOps(Development & Operations)系统人员来开发分析中间件的程序。

另外的例子是莱奇达公司(Lecida)，称为企业数字助手。虽然亚马逊、谷歌和苹果公司也为客户开发了数字助手软件，但这些软件并不适合企业使用。为了实现数字助手的功能，莱奇达公司使用了 ServiceMax、Amazon、Google、PTC、Twilio 等供应商的大型云计算、深度学习和微服务等技术。企业资产的终端用户都可以使用这个助手进行资产设施的维修保养、买卖交易、现场服务和工程管理，并已使用在建筑、农业和电力等许多行业。

第 10 章

学习层的应用

在学习层原理一章中,介绍了一些物联设备数据学习的基本方法。与上一代 IoP 应用程序不同,人们无须先看书再学习或者是招聘新员工来分析数据。机器设备生成的数据比 IoP 数据更丰富(因为可以有数百个传感器),而且更频繁(有时高达每秒 60 次)。因此,在有监督和无监督机器学习、聚类和介入分析等技术方面,人们还有大量的工作要做。

我们目前仍处于机器学习的早期阶段,本章将介绍建筑施工行业的主要参与者在机器学习应用方面的案例,如现场工长、采购代理和执行主管等,通过学习机器设备采集的数据,把施工项目管理得更好。

10.1 提前期和交付

联合租赁公司的关键绩效指标(Key Performance Indicator, KPI)是度量和反映设备准时交付客户执行情况的指标。有以下两个主要原因:第一,它向客户承诺,对客户提前 72h 下达的订单准时交货,这意味着需要跟踪公司是否实际按照保证准时交付了设备；第二,它能追踪交付设备未能准时交付是否是由于客户提前期短而引起的。因此,联合租赁公司按 4 种准时交付类型告知客户:不足 24h 告知、不足 48h 告知、不足 72h 告知及超过 72h 告知。

这种对客户的透明要求联合租赁公司对准时交付设备负责,同时也向客户说明了过晚下达的订单是怎样影响机器设备准时交付的。

10.2　机器设备的位置和历史轨迹

联合租赁公司帮助客户了解租赁了哪些机械设备,同时还能提供机械设备租赁的历史轨迹。客户能查看任何机器设备最后 10 次的移动情况,并在地图应用程序平台上用标记显示设备制造信息、型号、编号,以及经纬度表示的设备位置。联合租赁公司不仅提供了在地图上显示租用设备位置的功能,还可以让用户查看每台机器的使用情况及租赁交易的详细信息。

10.3　机器设备的利用率与绩效基准

机器设备跟踪最重要的指标之一是与客户商定的、基准性能目标对应的利用率。利用率绩效是指机器设备实际使用的小时数与租用的小时数的比值,而性能基准代表行业利用率基准,或在项目开始时与客户商定的基准。

联合租赁公司为客户提供机器设备每天使用时间的报告、最近 1 周和最近 1 个月的利用率及当前的仪表读数。此外,它能给客户提供机器设备实际利用率与商定绩效基准目标的对比简图。例如,在一个太阳能项目中,联合租赁公司注意到一台机器设备的利用率大幅下降,经调查得知,该项目的经理由于妻子生小孩离开过 3 个多月,在此期间,他没有查看过设备利用率的情况。

10.4　警报和通知

机器设备以往的运行报告对人们来说是有价值的,但是,对联合租赁公司的客户来说,能提高机器设备利用率的原因之一是可在 Total Control® 系统中设置警报。如果某一台机器设备利用不足,没有达到可配置的天数,系统会自动发送电子邮件提示;如果存在使用不足的问题,还可以设置多层警报来通知不同的人员。另外,客户还可以查看待处理的和过期的警报。这些警报使客户能够相对快速地发现未充分利用的机器设备,然后决定是否要停止租赁或着手充分地使用它们。

10.5　人为因素与机器设备的利用率

管理操作人员和设备的利用率是施工项目成本的一个重要组成部分,但并不是仅报表重要,还需要有人为的因素。一位行业资深入士解释说,因为你正好有负载物需要起重机固定位置,有的时候 40% 的闲置时间是能接受的。此时,虽然发动机并没有运转,但很显然,这个机器设备正在被使用。

10.6　地理围栏

当机器设备离开和回到一个虚拟的防护区域时,地理围栏发出警报。地理围栏的一个应用案例是建立一个自动化租赁场地,通过简单地检查出入虚拟限定区域的活动来监测机器设备的进出。对于需要严格控制访问权限的安全工作施工现场来说,这是一项极其有用的功能。

10.7　服务电话

对于检测和报告来说,一个关键绩效指标是服务电话次数。服务电话涉及任何机器设备问题,包括发动机、轮胎及空调不工作等。在为一个太阳能项目提供设备租赁服务时,联合租赁公司发现有一个经常出现的服务电话是空调维修请求。一个施工工地在 4 个多月的时间内 8 个空调机组发生了停机故障。由于这个施工现场是在 37℃ 以上的高温、90% 湿度的环境中,乍眼一看,发生这些故障不足为奇。

但进一步调查发现,所有的故障均来自驾驶室,工人一直用来乘凉。这些车辆的高利用率伴随经常出现的空调机组停机问题引起了人们的注意。然而,更重要的是,这种现象为项目团队与客户探讨如何更好地管理现场行为以避免不必要的服务成本创造了机会。

在这项业务中,一般的租赁设备的空调运转时间是正常值的2～3倍,因此工人的行为需要改变。因为工人不是用机器设备来工作的,而是使用这些机器设备来乘凉,尽管在施工现场有专用的乘凉区。因此,在某些情况下,驾驶室保持凉爽的状态会导致利用率的误读,因为管理团队并不知道设备运行的原因,是在挖土方?搬运杂物?运送材料?还是工人在驾驶室吃午饭?

10.8　机器故障

机器故障几乎总是与机器设备的操作有关,例如,操作员操纵一台出现动态错误代码的机器设备。举个例子,一台竹内公司的机器设备的发动机出现了过热现象,先产生一个声音报警,警示灯闪烁,同时,一条错误代码出现在设备的显示器上。在过热状态下,随着设备继续运转,错误代码、发动机温度、运行时间及其他有用的诊断信息被存储在 TMF(Takeuchi Fleet Management)系统中。

然而,通常操作人员只是重新启动机器来清除错误代码,重新启动机器后发动机还会继续过热,这样,不可避免地导致发动机损坏。如果操作人员在第一次报警时关闭机器，维修设备，或者找到过热的原因，如冷却液不足、散热器污损等，就可以避免昂贵的维修费用。

在机器设备未被联网的年代，在两年保修期内，操作人员可能会把损坏的机器设备退回给经销商，而且必须按照两年保修合同进行免费维修。现在，在设备联网的状态下，竹内公司就可以根据保修的时间全面地评估故障情况。例如，数据显示操作人员是否未正确操作机器或者不理会错误代码提示。

10.9　操作和再生

竹内公司能用数据帮助操作人员知道如何更好地运行机器设备。例如，操作柴油发动机的传统观点是让它们空转（即永远不要停机）。这个观点在过去可能是正确的，但是，让配备 Tier IV DPF 的柴油发动机空转，对发动机来说是最糟糕的，因为这种发动机在空转时不会燃烧得那么干净或者燃烧得那么热，导致柴油颗粒过滤器（Diesel Particulate Filter，DPF）过早地堵塞。机器设备出现这样的问题时，要么更频繁地做再生，要么对 DPF 做专业的清洁。即使操作人员使柴油发动机运行在不高于平均负荷率的 20%，也需要较频繁地再生。

再生与配备 DPF 的柴油发动机有关。DPF 是一种用于去除柴油机废气中柴油颗粒或烟尘的装置。DPF 堵塞时，阻塞性能变强，需要清洗。再生是用于燃烧排气滤网中碳颗粒的清洁过程。

通常情况下,柴油机正常工作期间,在操作人员毫不知情的情况下自动地进行再生。然而,在某些情况下,机器设备可能需要驻车再生,在完成整个彻底清除过程以恢复排气滤网的效果过程中,需要机器设备处于静止状态。再生过程可持续 30~45min,是非生产性停机时间。

竹内公司的机器设备对再生过程有 5 个报警等级。第一级和第二级时,每 10s 会发出一次蜂鸣声,接着操作控制台上的再生灯亮起;第三级时,每秒发出一次蜂鸣声,并且出现一个动态错误代码,要求操作人员停机,做一次再生过程;达到第四级时,设备经销商必须到现场,将笔记本电脑连接到机器设备上强制再生;当达到第五级时,意味着得把 DPF 过滤器拆下来进行专业清洗。在任何情况下,忽视警报可能会导致昂贵的维修费用。

10.10　分析工具

用分析工具从采集数据中提取图形曲线是非常有用的。为了使 inSite Monitor 系统监测振动、噪声及空气颗粒等环境参数,斯堪斯卡公司使用微软的 Power BI 工具箱来实现数据可视化。它能使斯堪斯卡公司的工程师以不同形式的图表和曲线来观察数据,也可观察到数据的变化趋势。例如,绘制温度在过去 1 小时、1 天或 7 天内的变化趋势。还能显示过去 24h 内的各种温度信息,如实时值、最大值、最小值和平均值。未来,斯堪斯卡公司计划把机器学习算法应用于存储数据来搜索和检测异常状态。

为了检测传感器值是否超出了容许的正常参数范围,斯堪斯卡公司使用了微软的 Azure Stream Analytics 应用程序,一种查询数据流实时发生时间的工具。Azure Stream Analytics 应用程序使用类似于 Transact-SQL(T-SQL)的编程语法。T-SQL 是一个来自于赛贝斯公司(Sybase)和微软的编程扩展集,为 SQL 添加了几个新的特性。使用这种语法,工程师可用 SELECT 和 WHERE 语句从数据中获取需要的数值,如"select where temperature is greater than X.""select where humidity is greater than Y."等语句。换句话说,当数据采集到系统时,工程师已设计好了在数据中实时检测异常和报警状态的规则。

10.11　机器设备数据学习的未来

以上这些应用案例是目前一些公司使用机器学习所做工作的一个写照。然而,有人可能会说,联网的建筑机械设备学习还处于早期阶段,因为基于机器学习算法和人工智能的更高级分析工具尚未真正应用。

尽管如此,机器设备数据学习的最大挑战是人,而不是技术。从斯坦福大学和其他大学过去 10 年的机器学习班入学情况的分析可以推断出,全球可能仅有一万多人接受过某种形式的机器学习培训。

这个数字与全球一千多万程序员相比,人们会对面临的挑战有一定的了解,也许更重要的是,了解到了面临的机遇。

第 11 章

执行层的原理

产出究竟是什么？所有这些网络连接、数据采集和机器学习技术实际在做什么？本章将讨论机器设备的高级服务对物联设备的制造商和客户的价值。随着机器设备变得越来越复杂、越来越多地由软件控制，一些软件维护和服务的经验也将应用于机器设备服务。正如软件行业许多人知道的那样，把软件作为服务来交付的方式已经彻底改变了软件行业。本章的最后将讨论软件业务模型如何应用到人们建造工业产品的业务模型中。对现代机器设备制造商或者使用者来说，这些产出就是业务效益。

但在这之前，先讨论应用程序。

11.1　企业应用程序

从 20 世纪 90 年代末开始，仁科（PeopleSoft）、希伯（Siebel）、甲骨文（Oracle）和思爱普（SAP）等公司在客户机/服务器体系架构上构建了企业应用程序。这些应用程序能完成一些领域中以前靠人操作的功能，如财务、会计、销售、市场营销和人力资源等。2000

年以后,许多新公司,像 Salesforce. com、NetSuite、Concur、Taleo 和 SuccessFactors 等,开始以云服务的形式提供类似的业务功能,也出现了一些专用的应用程序,如制药企业用的 Veeva、汽车企业用的 Dealertrack 和慈善事业用的 Blackbaud。

尽管这些公司取得了成功,但封装的企业应用程序只占软件企业开发应用程序的一小部分。几年前,周博士曾经询问七十一连锁便利店(7-Eleven)的信息总管(CIO),七十一连锁便利店购买微软、甲骨文公司等软件供应商的应用程序占这个企业软件投入的比重,这位总管回应说是 10%。因此,大多数企业应用程序是客户定制开发的。例如,七十一连锁便利店就有一个为其加油站编写的燃油管理应用程序。

11.2　中间件

"中间件(middleware)"这个词传统上被用来描述一组提供公用功能的服务或软件。安全服务就是一个简单的例子。所有的 IoP 应用程序都需要一个身份验证服务来建立个人的身份信息。像管理密码、确保密码更改和保护密码这些功能,全部是公用功能,不需要所有开发人员去编写。另一个例子是工作流或流程管理,可用公用软件来编排一个循序渐进的操作顺序,人们每次在亚马逊网站上确认下单的时候,都遇到过这样的例子。当然,可以专门写一本关于中间件的书,本章的目的是重点讨论实施一个企业应用所产生的一些基本产出。下面将从机器设备供应商期望的两个重要产出开始讨论：提高质量和降低服务成本。

11.3 精细化机械设备：提高服务质量

在计算机行业中，硬件和软件公司都提供维护服务。对于软件来说，通常是按初始购买价格的百分比定价的，这种业务模型产生了最大的收益和利润。

多年以前，计算机硬件公司把计算机联网，这样就可以用"打电话回家（phone home）"的方式报告硬件的任何潜在问题，从而提高了服务质量。

当然，发电机、基因测序仪和铲车的制造商也可以这样做。把物联设备连接到互联网，不仅有潜在的额外收益流，而且还具备提供更好的服务管理、可用性管理、安全管理、性能管理和变更管理的能力。

高的可用性意味着客户的停机时间少；好的性能管理可能意味着告诉客户如何更好地使用机器设备；好的安全性意味着不仅确保系统没有任何病毒，而且当机器设备上的软件有安全补丁可用时能通知客户。另外，如此之多的现代化机器设备由软件构成，更好的变更管理服务将意味着保证客户知晓：有新的功能可用，只升级软件即可。以机器设备的使用数据为基础，设备供应商们可以给客户推荐更合适的型号或配套设备。在亚马逊网站上，我们都看到它提供个性化的、我们可能感兴趣的其他产品的相关信息，为什么不在工业领域做同样的事情呢？

11.4 精细化机械设备：降低服务成本

传统的计算机硬件服务以"开另一辆车"的方式携带备品备件去修理或维修。把机器设备联网，不仅可以远程诊断故障，如果需要"出诊"（现场维修），还能保证所带的是正确的零配件和这项维修工作需要的工具。所有这些都会大幅降低服务成本。

目前，血液诊断设备、机车和风力涡轮机的制造商应用了这些理念，把这些物联设备连接到互联网上，制造商也可以降低服务成本。其一，能够远程诊断；其二，通过确保适用零部件与维修人员同时到场，减少了来回往返的次数。

无论是高速插装机、5.8m 剪叉式升降作业平台，还是空调设备，机器设备的维护通常作为购买方的成本。作为购买汽车或计算机的消费者，人们知道确实如此。大型建筑租赁公司每年花在维护方面的费用超过 10 亿美元。现在，一般的做法是实施基于时间的维护。作为一名司机，这意味着每行驶 2 万千米就得给车加润滑油，这是机器设备没有联网时人们能够做得最好的，但一旦物联设备连接到互联网，就有可能知道过去一年内在多沙、潮湿、炎热环境中使用的铲车与在空调仓库中使用的铲车之间的区别。人们能够准确地知道什么时候海上风力发电机组需要维修而且能够主动地实施，具有巨大的运营和经济效益。

11.5　精细化机械设备：新的业务模式

2017 年初，在思科公司发布的一份报告中引用的调查结果表明，近 75％的物联网项目都失败了。该报告指出，部分问题是公司高层对此缺乏兴趣，领导层未能"买进"物联网。思科公司 CEO 随后写道："我们要构建物联网架构，使成功的项目超过 26％。"

但我们相信，再多的技术也不能说服 CEO 投资；相反，需要新的业务模式。本章将以建筑、包装、石油、天然气、医疗和运输机械等领域制造商的业务模式来说明，可以通过构建和销售数字服务产品使营收翻倍，利润翻两番。此外，还会创造一个竞争对手专业壁垒。

下面将介绍 3 种基本的业务模式、讨论组织机构的影响及会遇到的不同意见。基于企业计算机软、硬件行业数字化转型的经验，这些业务模式提供了一个引导的数字化转型路线图。

另外，公司数字化转型的挑战往往不是技术上的。从与一些大型和小型物联网软件公司合作的经验来看，可以确信这项技术在现在或不久的将来就会用到。相反，公司的挑战往往是如何有组织地带领执行团队一起去开创未来。

11.5.1　软件定义的机器设备

新一代机器设备越来越多地由软件控制。保时捷公司（Porsche）最新的帕纳梅拉（Panamera）汽车有 1 亿行软件代码（软件量的一种度量),而上一代只有 200 万行。特斯拉(Tesla)车主已期待通过更新车辆的软件获得新的功能。越来越多的医疗设备也由软件定义了。1 台药物输注泵可能有 20 多万行软件代码,1 部MRI 扫描仪的软件代码则有 700 万行。1 台在施工现场常用的现代化伸缩式升降平台装有 40 个传感器和 300 多万行软件代码,而1 台农场的联合收割机的软件代码超过 500 万行。当然,人们对这是否是一种合适的软件度量方法有争议,但有一点得清楚:软件已开始定义机器设备了。

因此,如果机器设备越来越多地用软件定义,那么应用于软件领域的业务模式也将会应用到机器设备。

11.5.2　业务模式 1:产品与未联网的服务

在软件产品行业的早期,人们开发产品并刻在光盘上销售;如果想要新一代的产品,那就得购买新一代产品的光盘。随着软件产品变得越来越复杂,像甲骨文和思爱普这样的公司转向了另一种业务模式,在这种模式下,产品(如 ERP 或数据库)和服务合同一起销售。服务合同的价格是每个月支付约 2% 的产品销售价格。随着时间的推移,服务合同成为许多企业软件产品公司中最大和最赚钱的部分。在太阳微系统公司(Sun Microsystems)被甲骨文公司收购的前一年(当时这两个公司还是纯软件公司),它们的营收约为 150 亿美元,其中只有 30 亿美元是产品营收,另外 120 亿美元(超过 80%)是高利润的定期服务收入。

但是什么是服务?是来自印度班加罗尔的令人满意的电话服务?还是麦当劳的烙牛肉饼?显然不是。服务是对你提供个性化的、有用的信息。可能是酒店门房告知附近哪里可以买到最好的川菜,或者医生根据基因图谱和生活方式给出建议,应该让患者服用立普妥(Lipitor)。服务是个人的及其相关的信息。

我们听到过许多机器制造公司的高管说:"我们的客户不会为服务付费的。"当然,如果人们认为服务就是故障修复,那么客户理所当然地认为厂家应该制造可靠的产品。还记得甲骨文公司的服务营收吗?2004 年,甲骨文支持(Oracle Support)组织研究了 1 亿份甲骨文支持的服务请求,其中 99.9%以上的请求是用已知信息回答的。即使在没有联网的时期,软件上千种不同用途的聚合信息表现的价值远比一个人的知识大得多。服务并不仅仅是故障修复,服务还是有关如何维护或优化产品可用性、性能和安全性的相关信息。

在机器设备领域,人们会感到奇怪,为什么通用电气公司要在周六夜现场(Saturday Night Live)节目中播放工业互联网上的广告。要得到答案,需要做的就是下载通用电气公司的 2016 年度年报(GE 2016 10-K),查看第 36 页。在 1130 亿美元的营收中,通用电气公司确认 520 亿美元(接近 50%)为服务收入。想象一下,如果通用电气公司把服务收入提高到 80%,那么,不仅会增加上百亿美元的营收,而且整个业务的利润率也很容易翻倍。需要提醒的是,这一切都是在产品(软件或机器)没有联网的情况下达到的。如果读者是电力、交通、建筑、农业、石油和天然气、生命科学或医疗器械公司的 CEO,得自问一下:自己的数字服务业务会有多大规模呢?

11.5.3　业务模式 2:产品与连接服务

当然,如果能把产品连接到网络,就可以使服务更加个性化,目的更加明确化。许多软件和硬件产品公司把产品连接到网络，并提供辅助服务。这些服务帮助 IT 人员维护产品的安全性、可用性和性能（例如，数据库、中间件、财务应用程序），并帮助 IT 人员优化或改进产品。

现在再说机器设备领域。如果一家公司知道产品型号和机器设备的当前参数配置，以及数百个传感器的时间序列数据，那么，服务就会更加具有个性化和针对性，使得公司为机器设备的维护人员提供精准的帮助。

假设公司构建了一个数字服务产品并以软件销售价格的 1% 定价。如果销售了一台 20 万美元的机器设备，并且安装了 4000 台连网的机器设备，那么就可以创造 1 亿美元高利润的经常性收入。而那些 50/50 模式（50% 的服务和 50% 的产品）的公司会发现其利润翻了两番。

11.5.4　业务模式 3：产品即服务

一旦能告知员工如何维护或优化产品的安全、使用和性能，接下来的一步就是这位员工以产品建造者的身份接管责任。在过去 15 年，人们已看到了软件即服务（Software-as-a-Service，SaaS）形式的公司的兴起，如 Salesforce.com、Workday 和 Blackbaud 等，它们都以服务的形式提供产品。在过去 7 年，硬件产品也出现了类似的情况，亚马逊、微软和谷歌等以服务方式提供计算和存储的产品。

所有这些新的 SaaS 公司也将定价改为每笔交易、每个坐席、每种情况、每月或每年多少费用的模式。人们可能会在农业、建筑、运输和医疗设备等行业看到同样的情况。早期公司有优步

(Uber)和来福车(Lyft),它们把提供运输设备作为服务,单程定价。当然,最昂贵的运营成本是人力成本,所以就像那些在高科技软件和硬件产品领域的人一样,他们正在考虑以自动化方式取代人力成本。请注意,这和我们将软件、计算和存储作为服务交付的方式是一样的。

最终,所有传统的汽车制造商都不得不对产品即服务的模式做出回应。在交通运输业,福特公司(Ford)更换 CEO 就是最明显的例子,促使人们改变管理和领导方式。

11.5.5 首席数字服务官

在重点关注数字服务产品的讨论过程中,人们也必须认识到,如果采用这种产品即服务的策略,则需要对公司组织做出重大变革。许多航空、建筑和医疗设备公司的高级管理人员都受过培训,他们专注于物理产品的设计和生产,而不是软件或服务。可以考虑设置一名首席服务官作为公司领导团队的成员,同时,保证主管数字服务产品、数字服务销售与营销的副总裁向领导团队汇报。

实施产品即服务的业务模式会存在许多障碍,其中一些是公司内部的,而另一些是市场渠道方面的。首先,工程副总裁会质疑为什么要降低研发预算,他想增强新一代机器设备的功率和扭矩。销售副总裁会对从产品一次性营收模式转向定期服务模式的可行性提出疑问。另外,如何在新模式下激励销售团队呢?依赖一次性人力服务的地区分销商们也会反对。普通服务公司、建筑行业的设备经理、技术行业的外包商也将把这种模式看成一种威胁。所有这些因素都会导致这种产品即服务的业务模式推迟实施。但如果历史有借鉴意义,等到竞争对手完成产品即服务的业务模式转型,一切都将为时已晚。

所以,如果你是交通、电力、供水、农业、建筑、石油和天然气或医疗器械等行业的机器设备的制造商,很可能现在就看到一个业务模式转型的路线图。这个路线图是以企业计算机硬件和软件行业数字化转型经验为基础的。我们从和大大小小的物联网软件公司的合作过程中确信大家需要的技术,在现在或者不久的将来一定会有。公司的 CEO 面临的挑战是团结执行团队面向未来。

虽然这段旅程并不轻松,但高利润的定期收入和差异化产品的回报将使公司在未来 10 年内茁壮成长。

现在,让我们从机器设备制造企业切换到使用机器设备的企业。对于使用机器设备提供服务的企业,有以下 3 个主要产出来自于机器设备联网、机器设备学习。

11.6　精细化服务:降低消耗品成本

机器设备在运行中消耗材料,可能是飞机的燃料,高速打印机的墨水,或者基因测序仪中的化学试剂等。通常,这些耗材占据运营成本组成的一大部分。有喷墨打印机的人都知道,打印机成本并不是运营成本。在航空行业的企业层面上,最大的运营成本是燃料,在一些情况下占总成本的近 30%。

通过把机器设备连接到互联网,以及从这些机器设备中学习,操作人员可以对如何驾驶列车以优化燃油和能耗,或者配置打印机以节省油墨做出不同的决定。

11.7　精细化服务：更高质量的产品或服务

公用事业、农场或航空公司的运营商把物联设备联网、采集数据并从中学习，提高运营的精细化。就农业而言，精细化意味着生产对环境影响较低的高质量产品。精细化农业不仅意味着使用 GPS 保证对每行庄稼施一次化肥，也意味着基于采集的作物数据使用更少的除草剂、合适的水量，以及在高峰期收割。

11.8　精细化服务：改善健康和安全

2015 年，一列美铁（Amtrak）列车在费城发生了脱轨事故，造成至少 6 人死亡，第二天早晨给交通繁忙的东北走廊（Northeast Corridor）造成混乱，事故切断了费城和纽约之间所有直达的铁路服务，并且导致东海岸上、下行列车严重延误。

如果把列车联网，并从其数据中学习，根据学习结果指导营运人员操作或远程接管列车控制权（2018 年，力拓矿业集团（Rio Tinto）在铁矿石列车上实现了联网），不仅可降低运营成本，还可以提高列车运营的安全性。由于使用手机造成了如此多的事故，你一定会想象自动驾驶是否会更安全。另一个例子是，在一些制造业、采矿业和建筑工地，采用简单的联网机器设备对工人和设备进行实时跟踪,当他们进入危险区域时发出警报。

11.9　总结

虽然物联网技术很时髦,但它真正的用途是改变业务模式。人们熟悉的例子都来自消费领域(如谷歌、优步、易趣),但物联网技术有足够的潜力为农业、医疗、电力、交通、水务等领域的机器设备生产商和使用机器设备的客户提供同样的服务。这些新一代应用程序看起来可能完全不同。例如,由马克西莫(Maximo)等一些公司定义的企业资产管理就是基于这个思想——机器设备是无能力说话、没有联网的。一些像奥姆尼察(Oomnitza)这样的公司目前已崭露头角,它们认为未来的机器设备会像今天的手机一样智能。因此,它们采用自己构建的软件来管理手机和笔记本电脑,并且重新调整其用途以管理未来的机器设备。

对于物联设备制造商来说,技术不仅可以降低成本和提高服务质量,还可以从新的业务模式中提供新的营收源头。新一代物联设备的运营商有能力使用精细化机器设备提供质高价廉的食品、电力和用水,以及安全价优的交通运输和医疗保健服务。

第 12 章

执行层的应用

我们目前仍然处于物联网技术的早期阶段,尝试着用它为机器设备制造商及其使用者做些什么。通用公司对其服务行业的1‰变化做了一些分析。例如,对于石油与天然气机器精细化制造商,机器设备可用性提高1‰,每年能节省近70亿美元。对于精细化航空公司,可节约1‰的燃油,整个行业每年会节省20～30亿美元。同样,对于电力行业,少用1‰的燃料,每年节省接近50亿美元。

上述这些都是行业领域的粗略估计,下面将用几个案例定量和定性地说明物联网对建筑行业的影响。本章最后将讨论新一代物联网应用程序和中间件的一些特性。

12.1 精细化机械设备

12.1.1 报告最佳利用率

数据分析有助于捷尔杰公司及其租赁客户、承包商了解现场机器设备真实的使用率,例如,当前使用率和最佳使用率。

当前使用率反映施工现场机器设备是处于闲置状态,还是处于运输状态——用机械设备穿越一个施工现场,并且用行走了一段距离的全轮驱动活动来识别。

最佳使用率还包括下列情况的报告,机器设备运行超出额定规格、超速、超出倾斜角度或用不安全的操作方式等。

12.1.2　提高机器可用性

在机器设备没有联网之前,竹内公司每年会发现大约 6 次某种种类的故障。这些故障是由空气过滤器变脏、电池没电、操作人员误用等原因引起的。机器设备联网之后它们的可用性显著提高。这意味着机器设备的拥有人,租赁代理或承包商,掌握了维护所需的信息。保持机器设备的有效维护有助于保障机器设备的正常运转,使承包商能够按时、在财务预算之内完成工作。

12.1.3　降低维护成本

竹内公司及其他公司也提供了诊断联网机器设备的能力,可为机器设备承包商节省一大笔让技术人员来现场服务的费用。经常有机器设备的用户打电话说机器有蜂鸣报警声,他们不知道该怎么做。使用竹内公司的 TFM 系统,机器设备的拥有者可以看到,这个机器设备仅需要再生,紧接着引导操作员完成该过程即可排除故障。但如果需要开着维修车来现场解决问题,客户将支付500～1000 美元的费用。

12.1.4　预知性维护

许多捷尔杰公司的大客户是租赁公司,一台无法租赁的机器

设备是捷尔杰公司的损失,因此,预测性维护报告非常重要。基于
数据的预测性维护不仅意味着能告诉客户,根据使用情况是更换
设备的机油的时候了,还意味着有能力根据客户的整个捷尔杰机
器设备群组的故障代码预测潜在故障。借助捷尔杰公司的
ClearSky 平台,人们可查看最近一次维护的时间及下一次计划的
维护时间。未来,捷尔杰公司希望利用传感器数据及根据特定机
器设备(如伸缩式和剪叉式升降平台)的当前利用率和性能等情况
推荐维修服务。

12.1.5　了解总体拥有成本

捷尔杰公司使用现场机器设备的数据来了解总体拥有成本。
对于任何特定的机器设备,捷尔杰公司需要知道机器设备在什么
循环工况形式下运行、经历过哪种方式的使用和恶意使用。因此,
根据所需的维护形式、机器设备的使用年限、机器设备的成本、客
户购买过的零件型号、给定机器设备的运营成本、与设备组群中机
械设备相比的相对价值等,捷尔杰公司能确定这台机器设备的留
用和运转的成本。以此能全面地揭示,保有一台特定的机器设备、
出售该设备,或者购买一台新设备在经济上更划算。当一台机器
设备不再具有维修价值的时候,捷尔杰公司还利用这些信息向租
赁代理公司提出建议。

12.1.6　新业务模式

联网的机器设备还允许新的业务模式。塔利斯曼租赁公司
(TALISMAN Rentals)向客户收取基于营运时间的费用,而不是
收取基于租赁机器设备时间的费用。竹内公司提供机器设备群组

管理服务,把它作为初次 2 年、2000h 保修期的一部分。一旦超出保修期,TFM 将变为一个可选服务项目。

12.2　精细化承包商

12.2.1　提高机器设备的利用率

显而易见,提高租用或自有机器设备的利用率符合承包商的最佳利益。联合租赁公司给一家重要的电气承包商客户展示了 Total Control® 设备群组管理系统的功能。当时该客户租用的一台月租为 5000 美元的挖掘机在两个多月内没有一点儿移动的迹象。承包商的首席财务官十分震惊,立即打电话给施工现场的作业班长。作业班长汇报说,这项工作被耽搁了,因此,机器设备就这么一直没用,但"马上"就会用了。1h 后,首席财务官想再次查看数据时,令人惊讶的是,挖掘机已不在显示的数据中了。原来,接到电话之后,作业班长很快地终止了挖掘机的租赁。

12.2.2　减少租用机器设备的数量和辅助营运人员

一家建筑公司在查看 Total Control® 系统提供的数据之后,通过重新安排工作将租用的剪叉式平台数量从 10 台减少到 7 台。另一家公司将机器设备数量从 15 台减少到 7 台。在以上这两个案例中,客户不仅降低了他们的整体租赁成本,而且也不必为辅助营运人员付报酬了。另外,联合租赁公司有一个客户,对自有机器设备的使用情况不甚了解。为了解决这个问题,联合租赁公司给这个客户的 300 台自有设备安装了便携式 Slap Track 系统,并做了为期 3 个月的设备利用率监测。结果表明,与租赁联合租赁公司的设备相比,该公司仅以 10% 的使用率使用自己的机器设备。最后,这个客户卖掉了自己的 270 台机器设备。

12.2.3　保证机器设备利用率就是把工作完成

联合租赁公司的一个客户发现设备利用率很高,仔细查看数据后得知,营运人员在施工现场花了大量时间把机器设备从一个施工位置移到另一个施工位置。深入检查后查明,在这个工作现场有一个施工位置,人们经常需要 10～20min 才能将机器设备移动到那里,这看起来像是非常短暂的工作。但在其他时间内,机器设备移动到下一个位置之前要在那里停留 45min。另外,在这个特定位置还停放了许多其他的机器设备。有意思的是,绝大多数是由营运人员操纵的设备,如铲车和反铲挖掘机。原来真相是,这个地方被营运人员当成了吸烟点,机器设备被用作他们去这个地方的运输工具了,营运人员平均要用 15～30min 去吸烟。

12.2.4　用地理围栏精确计费

特别是在大型施工现场,分摊和分配租赁成本是一个较难解决的问题。建筑公司不仅要向施工现场收取租赁费用,还要把租赁费用进一步分摊到各个建筑或维修设施。Total Control® 系统使用地理围栏实现分摊和分配租赁成本。当客户从联合租赁公司获得设备租赁账单时,他们用地理围栏为基础处理账单,并将它分配到不同的成本中心。地理围栏功能还支持"模块化工厂(mod yards)"。模块化工厂在加拿大很常见,在模块化工厂中预先安装建筑构件,并以最低限度的现场施工要求运到现场。在这种情况下,通常在模块化工厂的大区域内有好几种类型的项目同时进行,所用机器设备是全时租用并在不同的项目之间共享。客户希望跟踪租用设备正在哪里使用,以便根据项目使用情况分配租金。

12.2.5 最佳实践

联合租赁公司的一个最佳应用案例是与承包商的主管人员和项目经理共享周报,这使承包商能够看到燃料讨论的月中报告或账单周期中期报告。基于这些共有的数据,联合租赁团队使用这些讨论意见来解决服务问题、机器设备利用率、意见交流和即将到来的租赁业务。根据上个月机器设备的总体利用率,他们还能商谈各种机器设备解除租赁的可能性。使用 Total Control® 系统的数据,项目经理能查看数据中的异常值,然后现场调查,对机械设备做出更好的使用策略。实质上,关注的是问题而不是一切正常,联合租赁公司称之为"异常管理"。

12.2.6 减少盗窃,提高安全性

精细化承包商面临的一个巨大问题是,同一把钥匙能启动某一家制造商的所有设备。例如,一把约翰迪尔公司(John Deere)的钥匙能发动特定年份内任何一台约翰迪尔公司的机械设备,不管这台设备属于哪家公司。类似的情况还有凯特(CAT)、小松(Komatsu)等其他一些公司。这就造成了极其昂贵的机械设备具有更容易被盗的弱点。例如,曾经有一个心怀不满的离职员工从肯塔基州山里的一个工地偷了一台挖掘机,并把这台价值 30 万美

元的设备开上山顶,翻越到山的另一边,随即放火烧毁。

使用传统的钥匙启动设备也意味着没有针对什么人能启动和操纵设备设置安全措施,这也带来了安全风险。例如,如果一群孩子碰巧在一个施工工地上发现一把能启动设备的钥匙,如果致人受伤,后果不堪设想。

为了解决这个问题,一个承包商把霍尼韦尔公司(Honeywell)的 HID 安全卡交给操作人员,再把读卡器安装到与特定机器设备相连的装置上。安全卡分派给在职员工本人。在后台业务一方,公司把培训完成情况与操作人员的安全卡相关联,因此,只有那些对特定机器设备型号具有正确培训和认证的人才能启动该机器设备。这不仅限制了任何员工都可启动和操纵任何机器的权利,还防止了盗窃,因为离职员工的访问权限可以立即终止。

12.2.7 操作人员表现的跟踪

把机器设备和操作人员联网,也可以跟踪操作人员的表现。由于现在能确切地知道是什么人在启动和操纵特定的设备,因此,设备的使用可以直接与操作人员联系起来。相比于只知道机器设备的使用情况而不管实际操纵设备的人是谁,公司可以跟踪单个操作人员的工作时间和停工时间,从而跟踪单个操作人员的表现。如果机器设备没有联网,公司就不得不采用人工方法把时间卡或工资单与设备使用情况关联起来。

对于扮演"老大(Big Brother)"角色的承包商来说,使用跟踪设备操作人员表现的方法较少,更多的是通过更好地指导使操作人员减少停工时间。例如,通过查看操作人员在 5 台不同机器设备上的停工时间表现,公司就可以了解他在管理设备利用率方面的表现。如果他做得不好,公司可以指导他如何做好。

12.2.8 识别损坏机器设备的肇事者

使用 HID 卡也有助于解决那些平常未报告的设备损坏问题。现在,公司可以通过了解机器损坏期间启动机器设备的人来缩小潜在嫌疑人的范围。承包商可以使用 HID 卡的信息撰写一份分析报告,把导致设备损坏的责任缩小到少数几个人,使他们能够从中找出肇事者。

12.3 打包的 IoP 应用程序

就像 IoP 一样,人们将看到物联网的打包应用程序,例如财务、ERP、CRM 和 HR 应用程序。虽然没有很多横向应用的应用程序,但一个物联设备打包应用程序的应用案例可能是资产管理、机器设备管理和仪器装置管理。物联设备管理的应用程序与 IoP 应用程序存在着很大的差异。

第一,它是作为云服务进行设计和交付的。只托管传统资产管理应用程序(如 IBM 的 Maximo 应用程序)与从一开始就将它们设计成基于云的应用程序是不一样的。人们只需比较 Siebel 与 Salesforce,或者 Exchange 与 Gmail 就可以知道两者之间的不同。

物联设备管理的应用程序是围绕物联设备而不是人来构建的。前面已经指出物联设备与人不同。资产管理应用程序和服务管理应用程序(如 ServiceNow)是以人为中心的,而不是以物联设备为中心的。

第二,它围绕着智能、联网的物联设备构建。上一代资产管理假设需人去巡查清点资产。因此,人得与资产靠得很近。而新一代物联设备管理假设人可以在网络上找到物联设备(资产、机器设备或仪器装置)。

第三,物联设备是智能的。在 IoP 的世界里,人发出故障报告单,但是当所有物联设备都有一个 1GHz 的微处理器时,为什么不让物联设备发布故障报告单呢?

第四,物联设备是联网的。传统应用程序仅关注由一家公司拥有和维护的单个设备。这些设备通常部署在企业内部,并没有设计成连接到互联网上。例如,人们永远不可能知道自己的发电机、血液分析仪或基因测序仪在全球市场的转售价值,但今天对任何产品人们可以很容易地做到。

最后,它是为安全和隐私而设计的。虽然每个应用程序都有某种身份验证和访问控制机制,但大多数传统资产管理和服务管理应用程序从未预计网络威胁的等级,也没有找到管理和控制它们的方法。

12.4　新一代中间件

客户定制的、行业特定的应用程序主导了上一代企业应用程序(因为很少有应用程序是横向应用的),新一代应用程序也不会有什么不同。如果是这样的话,人们将需要一个中间件层。虽然人们对现有的一些支持安全性、工作流或用户界面设计的 IoP 中间件做了一些拓展，但如果考虑其他的因素，这些对于物联网应用程序来说是远远不够的。

举个例子，首先应考虑物联网应用程序的安全性必须是双向的。人们不仅需要管理物联设备的身份、认证信息及它对物联网应用系统的访问（即保护物联网应用系统不受物联设备影响），还需要管理物联网应用系统访问每一个物联设备的认证信息（即保护物联设备不受物联网应用系统的影响）。

其次，还必须考虑机器设备数据和常态数据（nomic data）的不同。爱科公司（AGCO）提出了"双管（two-pipe）"解决方案，但人们需要能够从农艺数据中控制和获取与施肥机有关的数据，或从血液分析仪的血液分析结果得到与试剂有关的数据。对于 IoP 应用程序来说，这个从来没有成功过。

另外，许多 IoP 中间件都是基于交易完整性的思想设计的。如果发生故障，人们得退回重新做这次交易。然而，现实世界是沿时间轴延伸的，时间不会向后滚动。

最后，物联设备将不使用用户接口（UI）。物联设备只遵循其内部机制定义的具体步骤。如此的需求需要在物联设备和应用程序之间建立一个更加复杂的交互框架。

我们正处于第三代企业软件的早期阶段，但人们已经可以看到软件有望在以下两个方面改变的早期迹象，其一是机器设备的制造商，其二是使用这些机器设备给予人类服务的行业。

第 13 章

总结——原理与应用

显而易见,物联网能代表第三代企业软硬件技术。在互联网上,人们能发现很多关于物联网规模的预测。考虑到前两代企业软件基本上已经实现了一些后台业务功能的自动化(如人力资源、工资和财务),没有触及基础业务,因此,人们可能会认同,物联网将会改变基础业务。

与其他技术市场一样,物联网市场将会有各种各样的参与者和实施策略。一些供应商将通过提供独特的技术进行竞争,而另一些供应商将提供独特的数据;一些公司通过机构投资和并购尝试构建平台,而另一些公司仍专注于特定的产品领域。与此同时,还有一些公司将提供把上述技术结合在一起的咨询和服务。

因此,我们的问题是:为什么这些物联网产品和服务并不只是第一代和第二代产品的延伸呢?简单明了的答案是:物联设备并非人类。过去所有针对数据构建的技术一直用于构建 IoP 应用程序,而不是物联网应用程序。虽然本书中所述的都使用当前技术,但人们面对的将会截然不同。

物联网应用程序与 IoP 应用程序存在 3 个根本的不同。

第一,物联设备比人多得多。今天,如果不知道有那么多物联设备将要接入互联网,人们就不会支持互联网。最近,思科公司的前 CEO 约翰·钱伯斯宣布,到 2024 年,全球将有 5000 亿个物联设备被接入互联网,这个数字几乎是全球人口的 100 倍。

第二,物联设备发出的信息远多于人能发出的。键盘是人们用来给应用程序传递信息的主要途径。另外,一些应用程序采用其他形式来采集一些个人的数据信息。物联设备具有更多的传感器,如一部手机约有 14 个传感器,包括加速度传感器、GPS 等,有的甚至还有 1 个辐射探测器。像风力涡轮机、基因测序器或高速插装器那样的工业物联设备少说也有 100 多个传感器。

第三,物联设备能持续不断地采集数据。而大多数是来自于 IoP 应用程序的数据,要么是让人们购买东西的信息,要么是把数据作为人才招聘过程的一部分。简单地说,人们不会频繁地输入数据到电子商务、人力资源、采购、CRM 或 ERP 应用程序中去。相反,相位测量装置能每秒发送 60 次数据,高速插装机每 2s 发送一次数据,施工铲车每分钟发送一次数据。

传感器的价格不断下降,而功能不断增强。菲比公司(Fitbit)的创始人兼 CEO 詹姆斯·帕克曾在周博士的斯坦福大学课堂上发表评论说:“一个时代即将到来,一些原来只有在医院使用的设备将进入寻常百姓家中。”

连接技术主要是基于人们常在地点的随机通信。如果要与地球上更多的地点保持不间断的通信,会需要什么样的新型连接基础设施呢?人们将如何构建把信息从物联设备送到云端的通信网络呢?

在历史上,人们已把数据收集到 SQL 数据库中,但是,当构建了大型数据库并把它们放入内存时,人们发现实现交易完整性和平等读写数据功能的运行费用是巨大的。目前,运行费用仅为这种方法 1/10 的替代方案已经面世。所有这些数据都将作为云服务进行存储和管理,从而回避了构建 SQL 数据库解决方案的成本和不可靠性问题。

一旦收集了数据(并且人们可以收集更多数据),传统的业务智能技术就力不从心了。机器学习已经用到了一些应用程序中,现在有机会把它推广给更广泛的受众。正如人们从上一代企业软硬件技术中看到的那样,需要中间件为物联网应用程序编程人员提供快速可靠地构建应用程序的工具和服务。

切掉电网会引发灾难,物联网在技术和组织上都将面临巨大的挑战。因此,物联网框架的每个组件都需要提供安全功能。安全性必须提升到与产品功能同等的地位。那么,什么是安全功能?

强化一台机器设备意味着人们拥有的软件全部是安全的,没有不安全的。因此,提供计算和存储云服务不仅包括所有的软件管理,还包括计算和存储服务的交付,再加上数据中心、电源管理和访问构建的所有软件。

认识到这一点,让我们把重点仅放在一个方面:拥有的所有软件是安全的。通常,每个供应商定期地、或者在紧急情况下(有时)发布安全补丁。在一个特定的计算和云存储服务系统中,在一刻钟内传送数百个补丁是很容易做到的。

想象一下,云服务提供商说:

"在所有安全补丁发布后的 $92\pm5\mathrm{min}$ 内,执行 1124 次测试,并在 $22\mathrm{h}\pm10\mathrm{min}$ 内将补丁投入生产。"

如果机器设备供应商也能说同样的话,结果会是什么样子呢?

技术是由人来构建、销售和交付的。人们面临的最大问题之一是新技术的教育,以及加强对医疗保健、采矿和水处理等应用领域的了解。在当今的技术领域,世界上大约有 1000 万名程序员,但粗略地分析，可能只有 10 000 人接受过机器学习方面的基础教育。物联网具有收集如此多数据的潜力，人们将不得不面对培养新一代程序员的挑战。它并非只是涉及网络连接、数据收集或机器学习技术方面的教育，也将关系到这个领域的教育。在过去的一年里，我们已学了大量关于农业、高速印刷和基因测序方面的知识。可以看到，寻求一种让技术专家更深入地了解这些领域的途径至关重要，与此同时，这些领域的专家能够运用技术人员的语言。

虽然还有更多预见得到和预见不到的挑战，但物联网仍然是一个蕴含大量创新机会的领域，它对地球和人们生活的影响可能比我们迄今为止看到的要大得多。为了给全世界提供精细化的服务，人们将需要更加精细化的技术来建造精密的机器设备。

第二部分

第 14 章

引言——解决方案

本书第一部分介绍了构建物联网应用程序所需的基本技术。第 2 部分将提供一些企业运用这些基本技术的案例。这些案例针对不同的应用对象,有的是租赁公司,有的是使用建筑机械的公司。我们将介绍一系列的应用,包括利用传统远程信息处理的应用、自动化机器的应用,以及使用虚拟现实对整个施工过程可视化的应用。

所有的案例都围绕本书第一部分描述的物联网框架进行阐述,如图 14.1 所示。

图 14.1　物联网框架

此外,这些案例的设计也适用于技术人员、业务人员,以及施工现场的供应商、设备购置方和其他相关人员,如管理人、采购经理和管理团队。

14.1　设备层

无论描述的是即将出厂的、可以连接到互联网络的下一代施工机械，还是要改造的现有设备，设备层部分都将描述互联设备是什么，以及其检测到的是什么类型的数据。我们将列举一些具体的案例，有剪叉式作业平台和环境监测设备，还有增强现实眼镜和砌砖机器人。

14.2　网络连接层

该部分介绍机器设备的连接方式。我们将通过一些案例来讨论网络层（通常通过 WiFi、MiFi 或 3G）和传输层（例如 AMQP）。我们还将通过一些案例来讨论如何确保设备与云之间连接的可靠性。

14.3　数据采集层

设备接入网络后，可通过多种方式收集数据，如 SQL、时序数据库映射及 NoSQL。数据采集层部分将讨论现行的技术、存储的数据量及数据存档或保留频次及时间的选择。

14.4　学习层

无论是学习如何确定机器的位置，了解机器的使用频率，还是想要知道水管工是否计划在电线敷设的线路上铺设管道，所有这些行为都是试图对数据进行分析和学习。每一个案例都将涵盖那些用来进行数据分析和学习的应用程序。

14.5　执行层

最后，该如何处理所学的东西？我们将通过案例来说明精细化技术如何在降低成本的同时提高施工现场的生产效率和安全性。无论是帮助承包商避免租用他们确实不需要的设备，还是确保操作人员只启动他们接受过培训并获得操作许可的设备，我们将讨论采用精细化技术带来的价值。

当读者读到这些案例时，会自觉或不自觉地提出问题，在基于机器设备生成的数据分析的联网设备和工具的世界中，"服务"到底是什么？传统观点认为服务等同于"故障修复"，然而客户不愿意为这种类型的服务付费，因为他们希望制造商提供的机器设备是不会发生故障的。另外，一旦将施工现场的机器设备接入网络，根据收集的数据就可以对施工现场的操作状况给出建议。因此,这种类型的服务通过一种完全不同的方式实现就变得非常有价值。

例如,在精细化太阳能项目的案例中,发现一个 700 万美元的项目节省的租赁费用超过 90 万美元。承包商客户之所以能够节省这笔钱,是因为其施工机械供应商联合租赁公司能够非常准确地指导他们通过只租用施工现场所需的设备来提高利用率。当然,联合租赁公司提供的服务水平远远超过了"故障修复"。

此外,人们可能会注意到另一个相关的问题:谁应该为承包商提供新一代的服务?原始设备制造商是否应该提供新一代的连接服务?因为它们最清楚如何有效地运行它们的设备,而且它们具有将全世界各个角落运行的设备数据聚合起来的优势。租赁代理机构是否应该提供这种服务?因为它们提供不同厂家的设备,以满足承包商在不同项目基础上的整体需求。

上述问题的答案尚不明确。在整理这些案例的时候,作者一直在思考一件事情,那就是新一代服务对于建筑工地的各方来说是否极具吸引力。换句话说,无论是建筑设备制造商还是租赁公司,为什么不调研一下它们能为客户提供哪些增值服务,以帮助客户按计划和预算行事呢?同样,作为施工现场的各方,为什么不使用联网的机器设备,以便于更好地按计划施工,同时为员工提供一个更安全的环境呢?

基于此,谁将最终提供新一代服务?答案可能首先取决于谁对精细化建造反应较晚——落后者会发现竞争已经决定了他们的命运。

第 15 章

精细化的联合租赁公司

联合租赁公司(United Reutals,UR)成立于 1997 年,是世界上最大的设备租赁公司,其分公司分布在美国的 49 个州和加拿大的 10 个省,目前在欧洲有 11 个办事处。作为设备租赁商,联合租赁公司致力于运营效率的提升和设备的及时交付。与系统集成商一样,联合租赁公司将多个平台和制造工具综合在一起,并以就绪状态准备好交付给客户。这意味着要确保设备油料充足、清洁、运转正常、电量充足并且按时交付。

联合租赁公司的一个主要目标是通过更有效地管理租赁开支来帮助客户节省资金。换句话说,联合租赁公司仅按照完成项目所需的总时长提供相应数量的设备租赁。对于设备租赁公司来说,这种做法看似不合常规,实际上将客户放在首位才能使租赁商和客户保持长久的信任。

车队技术和情报总监迈克·比尔施巴赫(Mike Bierschbach)是推动上述目标的关键人物。迈克及其团队为客户制定提高利用效率的解决方案,并最终为他们节省资金。

作为联合租赁公司的车队车载信息处理和设备管理系统,Total Control® 为客户提供了实现上述目标的解决方案。该方案通过对已租赁的和现有的设备进行可视化管理来提高设备利用率,从而合理安排正常运行和维修时间,以此提升维护水平和机器在线工作时间。

然而,在 Total Control® 系统带来的价值能够完全交付给客户之前,联合租赁公司需要对现有的 45 万多台非连接建筑设备的租赁车队进行网络化和车载信息处理能力的改造。改造的任务十分艰巨,但迈克和他的团队准备迎接挑战。

15.1 设备层

联合租赁公司的客户说:"如果能从机器发动机或电池上获取12V 电源,那么我们就要装车载通信系统。"联合租赁公司车队的设备保留期为 7~9 年,等待新购买的支持车载通信的设备到货将需要6 年或更长时间。那么,在不到两年的时间内让所有客户都能使用Total Control® 系统,对客户来说,这个等待时间过长。

因此,迈克和他的团队必须拿出一个旧设备改造方案,并决定为遍布美国和加拿大的 45 万多台设备(其中大约 70% 为出租设备)制定一个改造方案。考虑到租赁客户通常有自己的设备车队,所以联合租赁公司的改造方案必须适用于客户现有设备,以实现 TotalControl® 对工作现场的设备车队进行监控。最后,该方案需要与新购置的支持车载通信的设备兼容。

为了解决上述问题,联合租赁公司与山姆·哈桑(Sam Hassan)及其在 ZTR 控制系统的团队合作(ZTR 是一家车载通信公司,由几个曾经在铁路机车行业工作的工程师于 1987 年创立)。

山姆·哈桑和他的团队根据连接的机器类型和主要应用场景设计了 3 种面向设备端(Edge)的解决方案:

临时方案：如图 15.1 所示，M4 便携式"Slap Track"装置是一个小型简易装置，方便连接到机器上。该装置能够提供位置信息，并通过机器振动信号实现对运行时间的估计。该设备主要用于短期安装。

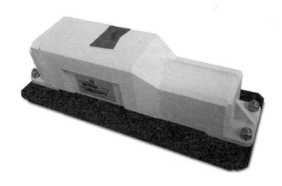

图 15.1　便携式"Slap Track"装置

M4 装置用锂电池供电，使用寿命可达 5 年，每天进行多次数据传输，并跟踪机器的运动时间。该解决方案使用一个具有 5G 通道的 GPS 接收器的 4G LTE CAT 1 蜂窝式无线电台来实现通信和定位。M4 集成在一个模块中，拥有自有的电池、GPS 和通信模块，防护等级为 IP67，因此易于安装并能够适应恶劣的工作环境。

改造方案：该装置由 ZTR 研制，提供基本的设备连接，提供运行时间、位置、电池水平、低电压警报、燃料液面和输出控制等信息的可视化。该装置还包括一个具有 3G 高速分组接入备份功能的 4G LTE CAT 1 蜂窝式无线电台、一个 56 通道 GPS 接收机和一个用于 GPS 和移动通信的内置天线。M6 改造装置如图 15.2 所示。

M6 是为适应各种改装应用而制造的，可以安装在设备不同的位置，防护等级为 IP66，可提供 12V 和 24V 系统供电模式。M6 使用内置天线和外置接头,易于安装和扩展。

图 15.2　M6 改造装置

高级监控方案:M8 高级监控装置 M8LZT 如图 15.3 所示。该装置采用基于 J1939 协议的 CAN 总线进行连接,来提供运行时间、位置、发动机数据、机器故障、排放数据、再生状态、燃油液位和其他机器传感器数据。M8LZT 配备了可选的 4G LTE CAT 1 或 3G/2G模式,以及一个 56 通道 GPS 接收器,可在全世界任何地方使用。M8LZT 还配有 BLE 蓝牙连接,方便与其他传感器互联和数据采集。

图 15.3　M8LZT 高级监测装置

另外，M8 装置附设的输入和输出赋予了该装置增强的监控能力，为客户提供了现场运行的深度信息，而不仅仅是收集的数据。

15.2　网络连接层

车载通信装置通过 4G 蜂窝网络连接来进行数据传输。当机器运行时，车载通信设备端立即将数据发送到 Total Control® 系统中，之后实时传输事件数据，而传感器数据传输时间间隔可任意配置，例如每 15min 传输一次。当机器停机时，其状态数据通常每小时发送一次。

15.3　数据采集层

机器数据由 ZTR 的 ONE i3™ 后台解决方案收集、过滤和规范化。收集的数据采用多种技术（SQL、NoSQL、文本文件等）进行存储，从而实现对不同类型数据的优化和保存。通过高性能的 API，数据可以实时地聚合到 Total Control® 服务中，为联合租赁公司及其客户提供最新信息。

规范化程序在 AWS 网关实例中运行，其优点就是用同样的方式显示来自不同计算机的数据。例如，在平台内为不同的数据类型提供标准数据格式（如模拟值、离散值或累加值等）。

聚合的数据通常在实时环境中存储一段固定的时间后，数据以冷备份形式长期保存，以便必要时恢复，用来支持更大的分析项目。

15.4　学习层

联合租赁公司租用的机器设备和用户自有的机器设备的相关信息可以通过 Total Control® 界面查看。用户活动受角色和权限控制，这些角色和权限决定用户可以查看的资产类型、访问的功能及用户可以执行的操作类型。

图 15.4 所示的为客户通过界面查看在租设备的状态信息。

Equipment Description	Equipment #	Start	Return	Inactive Days	Last Lat/Long (ET)	Last Meter Change	Latitude	Longitude	Hours Util
BOOM 60-64' TELESCOPIC	10162419	09/28/2017	10/02/2017	0	09/28/2017 10:19	09/28/2017	29.679014	-95.111940	0
FORKLIFT WHSE 5000# DIESEL	10260831	09/27/2017	10/16/2017	0	09/28/2017 16:11	09/28/2017	29.737660	-95.103440	3
LIGHT TOWER TOWABLE SMALL	10429744	09/22/2017	10/23/2017	0	09/28/2017 12:36	09/28/2017	29.732960	-95.104720	12.4
GENERATOR 19-29 KVA	10018888	09/05/2017	10/05/2017	0	09/28/2017 16:12	09/28/2017	29.737850	-95.105090	16
LIGHT TOWER TOWABLE SMALL	10175069	08/22/2017	10/23/2017	0	09/29/2017 08:12	09/28/2017	29.737950	-95.104450	8.1
LIGHT TOWER TOWABLE SMALL	10175410	08/22/2017	10/23/2017	0	09/28/2017 08:14	09/28/2017	29.737860	-95.104060	8
LIGHT TOWER TOWABLE SMALL	10095679	08/22/2017	10/23/2017	0	09/28/2017 16:13	09/28/2017	29.737900	-95.104520	16
LIGHT TOWER TOWABLE SMALL	10311305	08/18/2017	10/20/2017	0	09/28/2017 16:13	09/28/2017	29.736550	-95.102230	16
COMPRESSOR 750-795 CFM DIESEL	654170RA	09/11/2017	10/21/2017	0	09/28/2017 16:08	09/28/2017	29.736550	-95.102200	15.9
BOOM 60-64' ARTICULATING	10370085	08/09/2017	08/07/2018	0	09/28/2017 12:43	09/28/2017	29.735700	-95.105100	1.8
FORKLIFT WHSE 5000# DIESEL	10616782	07/26/2017	12/31/2017	0	09/28/2017 15:14	09/28/2017	29.648240	-95.044180	1
COMPRESSOR 350-450 CFM HIGH PRESSURE	10451774	07/25/2017	09/28/2017	0	09/20/2017 10:01	09/28/2017	29.737910	-95.104480	9.8
COMPRESSOR 750-795 CFM DIESEL	625749RA	07/18/2017	09/30/2017	0	09/28/2017 16:04	09/28/2017	29.733090	-95.104620	16
FORKLIFT ROUGH TERRAIN 6000# 11-20' 2WD	10333035	02/16/2017	02/16/2018	0	09/28/2017 08:51	09/28/2017	29.647770	-95.045390	0
COMPRESSOR 175-195 CFM TIER 4	10273184	06/17/2016	12/28/2017	0	09/28/2017 16:01	09/28/2017	29.736870	-95.104050	5.9

图 15.4　带 GPS 定位的联合租赁公司设备在租状态

图 15.5 所示的为机器设备位置可视化示意图。除了具备地图功能外，Total Control® 还可以跟踪机器设备的历史记录、利用率、位置信息及相关设备和租赁交易的详细信息。

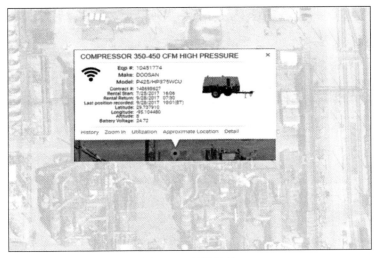

图 15.5　地图设备

Total Control® 还提供机器设备的历史记录，如图 15.6 所示。此功能允许客户查看设备的最后 10 次位置信息，包括设备标识，显示设备的品牌、型号和编号，以及位置信息（经纬度）。

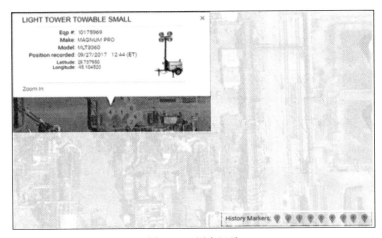

图 15.6　历史记录

Total Control®的核心功能是利用率分析。机器每天使用的小时数、最近 7 天和 30 天的利用率及当前仪表读数的柱状图如图 15.7 所示。

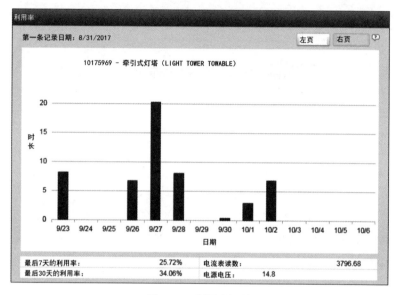

图 15.7　利用率记录

通过 Total Control®，客户还可以设置警报功能，用来提醒客户是否某个设备在一段时间内处于闲置状态。多重警报可用来提醒不同的人员是否存在设备使用不充分的情况。客户还可以查看未解决和过往的警报记录，如图 15.8 所示。

Total Control®也提供地理围栏功能，当设备离开和返回到一个虚拟防护的区域时就会发出警报。地理围栏的一个案例是创建一个自动租赁场地，通过简单地监测设备进出虚拟围栏区域就可以虚拟地检查设备驶出和返回租赁场地。这种功能对于具有严格控制访问权限的安全工作场所尤其重要，如图 15.9 所示。

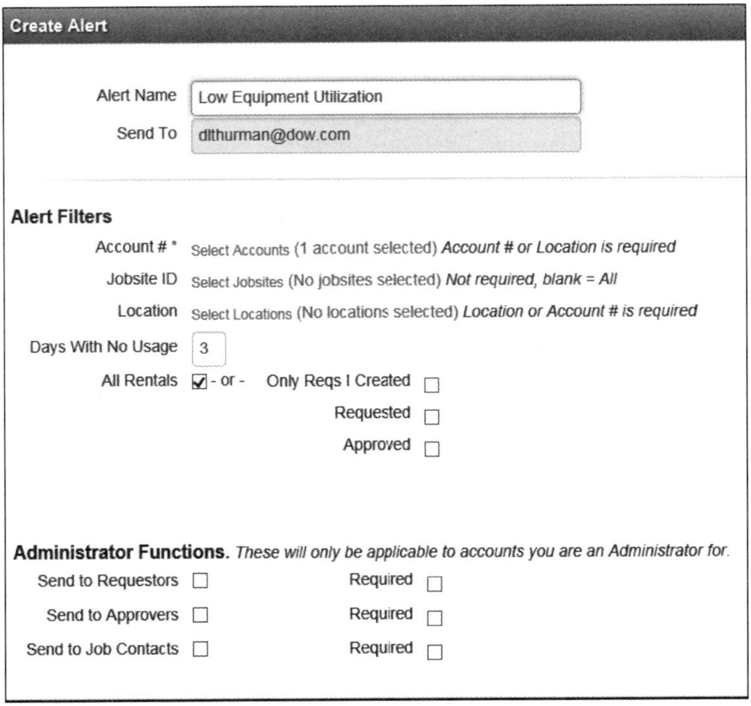

图 15.8　消耗管理与报警

Total Control® 还提供了一个移动 App，有 iOS 和安卓两个版本，可对实现互联的建筑机器的数据进行查看和学习，其可视化界面如图 15.10 所示。

总之，Total Control® 提供了一系列由车载通信数据驱动的功能，可以帮助施工现场的各方（如现场工头、采购代理和管理人员）更好地管理施工项目。然而，将这些潜在利益转化为现实的任务十分艰巨。

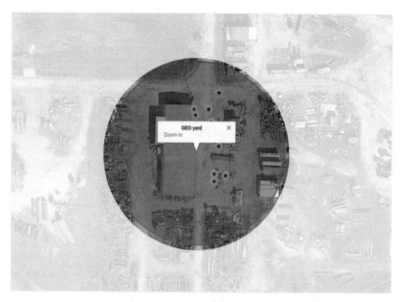

图 15.9　地理围栏

图 15.10　Total Control® 移动的可视化

15.5　执行层

将施工机器设备互连可以使建筑公司以更精细化方式运作。联合租赁公司管理服务副总裁戈登·麦克唐纳（Gordon McDonald）讲述了许多关于改进施工现场机器和人员使用效率的案例。

15.5.1　提高利用率

作为主要电气承包商之一，戈登在一次 Total Control® GPS 功能演示会上，注意到一台租金为 5000 美元/月的挖掘机在两个多月内没有移动过。承包商的首席财务官对此十分惊讶，他立即给工长打电话质询。工长报告说施工计划被延迟了，所以机器没有被使用，但它将"很快"被使用。当首席财务官回到会议室，并希望通过自己的权限查看挖掘机的状态信息时，令人惊讶的是挖掘机的状态发生了改变。这是因为工头在接到电话后立即退租了挖掘机。

使用 Total Control® 不仅能帮助客户检查每天设备用时，还能确定高峰用时。此外，应用程序还可以查看联合租赁公司车队的利用率是否低于或高于基准值。

基于设备利用信息，一家建筑公司通过对作业进行重排将租赁的剪叉式升降平台数量从预定的 10 台缩减到 7 台。另外一家公司也实现了建筑机器设备的合理缩减，其数量从 15 台减少到 7 台。上述两个案例的相同之处是客户通过设备利用信息，不仅节约了租赁费用,而且无须支付额外的操作费用。

设备利用信息的使用有时候可能会收到意想不到的效果。例如,戈登在一家大型娱乐公司工作了 10 多年,每次他拜访一位客户时,都会注意到,似乎有一批自有设备没有被用起来。一天,戈登向维护人员提到了这件事。

遗憾的是,客户不能看见设备的使用状况。因此,戈登在客户现有的 300 多台设备上安装了便携式 Slap Track 装置,并测试了大约 3 个月的设备利用信息。研究结果发现该公司使用自有设备的利用率仅为从联合租赁公司租赁设备利用率的 10%。根据上述反馈信息,该客户卖掉了现有的 270 台设备。

15.5.2 利用率数据的深度利用

有时我们需要通过深入探索简单的利用率数据来揭晓背后隐藏的问题。戈登分享了一个机器设备高利用率的案例。然而,仔细观察数据我们发现操作人员在工作区域内把设备从一个工作点移到另一个工作点需花费大量时间。一项更深入的调查显示,在工作现场有一个地方,操作人员经常来这里,待上 10~20min,这看起来像是非常短时间的工作。此外,在这个特定地点停下来的设备种类繁多,但有趣的是,绝大多数是由操作人员操作的设备,如叉车和反铲。原来这个地方被用作非正式的吸烟区。掌握了这些信息后,工长就知道如何处理这种事情了。

在另一个工地,工长告诉操作人员,如果利用率不够高,他们将不再租赁设备。结果是利用率提高了,但这是因为操作人员只是打开机器并运行它们来增加使用时间。操作人员没有意识到,Total Control® 不仅可以检测设备的运行状态,还可以检测设备是否处于闲置状态。

15.5.3　精细化计费

在大型施工现场,合理分配租赁成本是一大挑战。建筑公司的租赁费用,不仅要向工地收取,还要进一步分摊到特定的建筑或维修设备上。Total Control® 通过地理围栏实现这一点。通过地理围栏,当客户从联合租赁公司处收到账单时,他们可以接收该账单并将其分配到不同的成本中心。在加拿大,地理围栏功能还用于模块化建造场,在那里建筑单元被预先组装好运到施工现场后,只需要进行简单的现场施工。在大型施工现场通常几种类型的作业同时进行,设备是全时租用的,不同项目之间的设备是共享的。客户希望跟踪租用设备的使用位置,以便根据项目使用情况分配租金。

15.6　总结

机器设备联网使联合租赁公司拓展了新的服务,并通过精确的燃料补给来降低维护大型施工机械的成本。当需要燃料时,施工机器设备会发出警报。这可能有助于解决施工现场的一个实际问题,即加油车和待加油机器的协同配合。上述问题在大型施工现场较为常见,因为有些设备可能位于偏远地区或偏僻的地方。当一台设备的燃油耗尽时,可能需要一个维护小组对设备进行补给。因此,当需要燃油时,如果机器能够第一时间将该信息发送给燃油供应商,那么补给燃油的驾驶员就能够在离开施工现场之前确保所有设备都已加过燃油。

Total Control® 还允许联合租赁公司根据实时设备利用数据为自己的设备和客户制订维护计划。联合租赁公司可以告诉客户,在接下来的 x 个运行小时或 y 天内,它们有设备需要维护。这就提高了机械师的工作效率,因为当他们在特定的区域检修到期的机器设备时,他们还可以保养即将到期的机器。在 Total Control® 之前,联合租赁公司必须派人检查设备的工作时间,以确定是否需要进行维护。基于 Total Control®,机器将能够按需而不是按计划安排维护服务,这不仅提高了机器的可用性,而且还降低了总成本。

这仅仅是开始。可以肯定的是,迈克·比尔施巴赫、山姆·哈桑、戈登·麦克唐纳和他们的团队将继续把愿景转变为现实,以便有一天,精细化施工将成为他们业务的一种方式。

第 16 章

精细化的太阳能项目

2017 年,一家大型电力公司宣布,中标的承包商将运营一个总容量约为 300MW 的太阳能项目。这个项目是可再生能源计划的一部分,该计划旨在提供足够的电力,为约 100 000 户家庭提供清洁能源。由于资本成本估计低于 1500 美元/kW,这将是美国建造的成本最低的太阳能装置之一。为支持本合同,中标承包商从联合租赁公司租赁了机器。

这件事情的发生源自于大家对一个旧流程的不满,这意味着当客户需要任何设备时,联合租赁公司都必须提供新的报价,从滑移装载机到吊桶附件。这对联合租赁公司和客户来说都是件烦琐和耗时的工作。

鉴于效率低下的问题,管理承包商账户的全国客户经理肖娜·伊尔莫德(Shawna Ermold)决定另辟蹊径,将其关注点放在利用率方面,利用关键绩效指标(KPI)衡量利用率,该指标基于 Total Control® 和联合租赁公司工具解决方案(Tool Solution)的移动工具间的数据。

简而言之,肖娜定期与客户召开关键绩效指标会议,根据提前设定的参数,她和她的团队确定了未充分利用的租赁资产。然后,他们指导客户如何更好地管理这些未充分利用的资产,以帮助他们提高租赁投资回报率。

最后,联合租赁公司从重点关注竞价发展到为客户改进运营机制提供咨询。当然,启用这个计划的核心是访问数据。

16.1　设备层

该承包商租用各种机器来完成太阳能项目,包括滑移装载机和多用途车辆等设备。使用联合租赁公司的车载通信设备管理系统 Total Control® 从所有机器中检索数据,提供对租用和自有设备的可视性,可提高利用率、维护和正常运行时间。

联合租赁公司还为承包商提供了移动工具间。这是一辆为客户项目储备工具和用品的小卡车。承包商使用了 100 多种不同类型的工具,从梯子到冲击扳手,从激光水平仪到压接器。移动工具间直接交付给电力公司,由一名联合租赁公司工具专家管理,该专家授权用户检查工具,同时还提供维护服务和安全监督。联合租赁公司移动工具间解决方案的目标是为客户创造最长的正常运行时间,有效地提高生产率。据估计有 20% 的建筑工人每天都在寻找、等待或修理工具和设备。

肖娜为承包商制订的计划的一个重点是提供租赁利用的可视性。对于工具来说,基准目标是大约 85% 的利用率,这意味着保持移动工具间中的 85% 活跃工具被 100% 地利用。为了确定工具的利用率,需假设当工具不在现场移动工具间时,它正在被使用。

另外,各种通用租赁设备的使用方式不同,因此分配了不同的利用率基准。例如,客户对所有施工现场多用途车的基准目标是时间利用率为 22％。而对于滑移式装载机,由于执行的工作类型不同,在某些情况下的利用目标设定为行业标准的 200％。

16.2　网络连接层

所有机器设备都安装了车载通信装置,用于从现场检索数据。旧的租赁机器被加装一个 ZTR 的装置,它可提供运行时间、位置、电池电量、燃料电量、驾驶员 ID 和外界环境。制造商制造的具有远程信息处理能力的新机器安装了定制的 ZTR 设备。该设备提供了与加装装置相同的数据,以及设备监控数据(如故障代码)。最后,针对临时情况安装一个便携式"Slap Track"设备,以提供机器位置和基于振动的运行估计时间。

至于工具,使用条形码系统检查工具借用状态,借用人对该项资产负责。数据存储在 Total Control® 中,用于管理和跟踪属于移动工具间的工具、物品和耗材。

16.3　数据采集层

收集到的机器数据传送到运行在 AWS 上的 Total Control® 后端系统。数据存储使用许多不同的技术(SQL、NoSQL、平面文件等),以优化不同客户应用的性能和数据保存。时间序列数据通过为车队跟踪、设备健康管理和系统集成提供当前值、最新历史记录和实时事件来满足运营需求。肖娜和她的团队利用聚合数据获取报表和业务资讯支持车队优化、合同管理等。聚合数据通常存储 13 个月，随后数据将被冷备份系统保存更长时间，以便其他项目需要时予以恢复（如更大的分析项目）。

16.4　学习层

通过连接机器和客户，肖娜能够使用 Total Control® 收集的数据，了解联合租赁公司如何为承包商提供更高质量的服务，并为它们节省资金。它们关注的 4 个关键指标或关键绩效指标是：交货期和交付绩效、服务呼叫、设备交易和利用绩效与基准。

1）关键绩效指标：交货期和交付绩效

联合租赁公司的工作从测量和报告准时交货开始。这一点很重要，有两个原因。首先，联合租赁公司向承包商承诺，对客户提前 72h 通知的订单保证准时交货，因此它们需要根据该保证跟踪是否按时交付了设备。但是，联合租赁公司也想知道，如果不能按时交付设备，是否是因为客户要求的提前期较短。

肖娜使用 Total Control® 分析 4 类订单的百分比数据：通知时间少于 24h、通知时间少于 48h、通知时间少于 72h 和通知时间大于 72h。

一个准时交货示例如表 16.1 所示。联合租赁公司不仅报告了其按时交付的能力，而且还将其映射到通知量。这种对客户的透明度要求联合租赁公司对准时交货负责,同时也向承包商说明了延迟通知订单会如何影响机器的准时交付。

表 16.1 准时交付示例
(因隐私原因更改了客户实际数据)

等 级	第1周	第2周	第3周	第4周	第5周	第6周
D:通知时间 少于24h	13	22	7	12	5	12
C:通知时间 少于48h	3	11	2	8	4	9
B:通知时间 少于72h	3	4	5	6	4	1
A:通知时间 大于72h	27	51	34	41	29	8
准时交货	45	84	40	65	39	38
延迟交货	1	4	8	2	3	2

2) 关键绩效指标:服务呼叫

联合租赁公司对服务呼叫电话也进行了统计。服务呼叫电话包括发动机问题、空调不工作和轮胎问题等。一个常见的服务呼叫电话是空调维修请求。考虑到施工现场的温度超过 37℃,湿度超过 90%,这并不太令人惊讶。

经过进一步调查发现,许多空调维修的需求来自于有空调驾驶室的设备,而这些设备开机只是被工人用于乘凉。车辆的高利用率及这些车辆上常见的空调单元损坏问题为承包商提供了一个机会,以更好地管理车辆使用过程,帮助员工应对这些问题,同时避免不必要的设备服务成本。

3) 关键绩效指标:设备交易

关键绩效指标还包括设备交易数据。如表 16.2 所示,数据显示第 4 个月的交易量异常高。在团队调查并确定了根本原因后，联合租赁公司和客户一起确定了更适合客户需求的设备。

表 16.2　设备交易示例

（因隐私原因更改了客户实际数据）

	第 1 个月	第 2 个月	第 3 个月	第 4 个月	第 5 个月
客户服务电话——设备故障	3	1	4	18	3
设备编号错误	2	3	4	2	
设备不适合工作	3	1	2	3	1
需要出租或出售				2	1
测试时设备故障	1			2	
从 Rerent 交换		1	1	1	
要维修的设备				1	

4）关键绩效指标：利用率绩效与基准

最后，最重要的指标是利用率，它针对商定的基准绩效目标。作为一家每周收集近 1000 万行数据的公司，采用统计方式，联合租赁公司能够按行业和应用案例计算出可靠的基准，最终为客户提供以同行为参考的指导建议。

利用率绩效是指实际使用的小时数与租用的小时数之比，而基准代表行业利用率基准。本报告的示例如图 16.1 所示，其中 0％表示实际利用率处于基准值。进一步说明，如果利用率高于 0％，例如 20％，那么这意味着利用率高于基准 20％。同样，如果利用率低于 0％，例如 −60％，这意味着利用率比既定基准低 60％。

图 16.1 所示的第 22 周左右出现的利用率显著下降是项目管理临时变化引起的。一旦客户确认了这一点，他们就能够采取措施来补救这种情况。

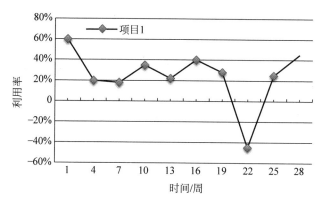

图 16.1　利用率绩效与基准示例

（因隐私原因更改了客户实际数据）

客户利用率大部分很好的原因之一是，在 Total Control® 中设置了警报，以便在机器闲置超过 3 天时系统自动发送电子邮件。邮件通知承包商对这些机器进行调查，以便它们能够决定是停止租赁未充分利用的设备，还是开始充分使用这些设备。

16.5　执行层

最终，联合租赁公司帮助承包商节省了约 700 万美元，占项目租赁成本的 12％以上。但它不仅仅是一个节约费用的案例，也是一个联合租赁公司通过数据和建议提供更好的服务来帮助客户的案例。

联合租赁公司每周向承包商的执行主管和项目经理发布一次

报告,在燃油讨论中为用户显示月中期的或中期账单。在会议中,联合租赁公司团队讨论了服务、利用率、交易和即将到来的租赁问题。他们还谈到了根据上个月机器的总体利用率来降低各种机器租金的机会。项目经理使用来自 Total Control® 的数据查看数据中的异常值,然后现场调查,能够做出更好的利用决策。实质上,肖娜和客户关注的是问题,而不是进展是否顺利,肖娜将其称为"基于异常的管理"。

最后,这种关系从事务性服务发展为客户要求联合租赁公司为其运营提供咨询服务。当然,这个项目能正常运作的关键是可以访问数据。

第 17 章

精细化承包商

当你住在硅谷时,你往往认为初创公司就是在那里诞生的,但事实并非如此。在第二次世界大战结束后不久,一位失业人员在社区的帮助下寻找建筑工作,最后他被雇佣去拆除当地一家信托公司大楼墙体和天花板上的板条和灰泥。与此同时,他的朋友刚做完一份小工作,所以他们决定一起做板条和灰泥,原本他们计划在工作结束后分道扬镳,但是情况并非如此,他们没有分道扬镳,而是选择继续合作,他们的公司也成为当今最大的建筑公司之一。

这家精细化承包商是一个庞大集团的子公司,该集团每年创造超过 10 亿美元的收入,并完成了许多重大项目,包括建造价值数百万美元的桥梁,土石方工程,天然气和水管道铺设工程,以及在美国建造数座水和废物处理厂。

蒂姆(Tim)虽然自始至终就没有去过集团公司,但已经为这家承包商工作了 25 年。他领导公司的车载通信项目,参与 AEMP(设备管理专业人员协会)合作,蒂姆深刻地体会到,随着技术的不断进步,承包商在期望成本降低的终端客户与造价越来越昂贵的建筑施工设备之间踌躇不定。此外,劳动力变得越来越少,因此成本也越来越高,并且相对缺乏培训。因此,蒂姆看到了明确的任务:提高建筑设备和劳动力的生产率,以降低总体建设成本。

他还认为有必要进一步加强施工现场的安全防范。没有人希望一台昂贵的设备被偷,也没有人希望没有经过适当培训和授权的人员启动机器和发生伤害事故,但实现目标的前提是将机器接入网络。

17.1 设备层

精细化承包商的设备部门拥有超过 200 名经过培训的员工,并为 1300 多家公司拥有的大型设备提供服务。它们开发了一个支持系统,可在需要时为现场提供设备和物资。

在 21 世纪初,该公司有远见地建立了一个定制的硬件和软件系统,用来采集现场使用建筑机器的数据。它们决定开发自己的系统,因为当时没有人提供现成的解决方案来处理车载信息数据(如时间、地点)及燃油消耗。

为了开发这个系统,该公司与一家本地嵌入式系统公司合作,就像许多案例一样,两家公司的老板是老朋友,这个系统后来被广泛应用。

该系统目前最多可监控 4 个开关和 2 个模拟传感器。根据应用程序及公司监视和测量的内容,机器会有所不同。例如,一台机器可以监控载荷和底座开关,而另一台机器可以监控其向前、向后移动。该系统还可以读取机器上提供的任何基于 J1939 协议的数据。

17.2　网络连接层

在 2008 年,蜂窝连接的成本是每月 30～50 美元,所以连接数百台机器非常昂贵。因此,该承包商决定使用燃料控制操作台充当网络的枢纽。燃料控制操作台通过 WiFi 或蜂窝连接到精细化承包商的服务器。所有的施工机械随后都与燃料控制操作台相连。

在操作中,燃料卡车靠近机器设备,其操作员登录到燃料控制操作台,将油管放入机器并按下燃料盖上的按钮。此时,数据将传输到服务器。目前,50 辆燃料卡车大约能够支持 800 台联网机器。

除了燃料控制操作台外,还可以部署二级数据采集器操作台,通常安装在管理者的卡车上。它的目的是提供返回总部的连接。燃料控制操作台仅当燃料卡车在连接范围内时提供连接,而数据采集器操作台则留在现场,这种布置对于实时传输关键操作数据尤其重要。也就是说,非关键数据大约每 20min 从数据采集器操作台向总部传输一次。

17.3　数据采集层

所有数据都将发送到承包商的数据中心,原始数据最初存储在微软的 SQL Server 数据库中。数据每天清理一次,然后直接存储到 Viewpoint Vista ERP 系统中。用户通过该系统可以检索单个机器设备级的日志,日志内容包含计时表数据、闲置时间等。员工可以通过应用程序访问数据,该应用程序提供对 ERP 数据库的访问,并从项目开始就采集数据,以连续 12 个月的滚动周期存档,这项工作周期接近 10 年。

服务管理和故障管理也通过 Viewpoint 系统来处理。通常,现场问题会记录在问题日志中。负责零件订购和位置转移的计划员也能输入他们的信息。

17.4 学习层

该应用程序仅允许区域经理查看所在区域的工作,而高级管理人员具有完全访问权限。前 3 个异常值会显示出闲置时间、操作员和作业名称,通过这些值你可以深入了解不同机器利用率的信息。我们电话告知蒂姆收到一条消息,说有一个接线员报告其中一台机器的支撑杆弯了,然后蒂姆查阅了报告,看到最后 3 个使用过这台机器的人的相关信息。

对操作人员和设备的管理使用是建设项目成本的重要组成部分,但在成本预算时还需要考虑人为因素产生的费用。例如,当采用悬臂起重机将物品放到合适位置时,装载物品的过程占据 40% 的闲置时间是可以接受的。在有些作业过程中,发动机虽然没有启动,但起重机正在使用。

17.5　执行层

蒂姆很快指出,之前,精细化承包商尝试收集的联网机器信息与目前提供的大部分相同,例如计时表和燃料使用的情况。关键的区别在于,之前这一切都是由人工完成的,这意味着时间延迟、人为错误和劳动力成本的引入,从而阻碍了生产效率的提高。

现在,通过将现场机器生成的数据直接加载到 ERP 系统中,客户可以跟踪、分析和核时,如用燃料使用数据核实成本记录、使用计时表数据安排预防性维护计划,以及针对实际机器使用情况确认计费时间等。

有的客户面临的问题是,一把密钥可以启动某个制造商生产的所有设备。例如,无论哪个公司拥有该设备,一把 John Deere 密钥可启动它在某个年代生产的所有机器设备。这与 CAT、Komatsu 和其他企业一样。蒂姆有一把 25 年前 CAT 公司首次发行的设备密钥,但这些密钥对车队中 2/3 的 CAT 设备仍然有效。这造成贵重设备更容易被盗的风险。

蒂姆分享了一个案例,故事发生在他们的机器联网之前,当时一名心怀不满的前雇员从肯塔基州山区的一个工地中偷走了一台挖掘机,把这台价值 30 万美元的设备开上山顶,翻过山后,随即放火烧毁。

使用传统钥匙启动设备也意味着谁都可以启动和操纵一台设备,没有安全措施,这也带来了安全风险。例如,如果一群孩子在建筑工地上捡到一把能启动设备的钥匙,万一有人受伤,那将是非常悲惨的一件事情。

为了解决这些问题,机器制造商在机器设备上安装密码键盘。但是,一旦每个人都知道密码,这种方法就会失败,因为密码没有与特定的操作员绑定。

针对上述问题,精细化承包商给操作员配备了霍尼韦尔公司生产的 HID 安全卡,并在机器设备上安装了读卡器。安全卡被分配给个人和核心员工。这不仅限制了其他员工启动和操纵任何机器的可能性,还可以防止设备被盗,因为解聘雇员的访问权限可被立即终止。

蒂姆举了一个例子,有一个小偷企图盗窃山猫(Bobcat)滑移装载机。当小偷试图启动却无法启动时,他气急败坏地砸坏了仪表盘。但最终,一台联网的机器阻止了 70 000 美元的资产被盗。在过去,该公司每年可能会丢失两到三台装载机。它们曾经有一台卡特彼勒(Caterpillar)D5 推土机从高速公路的中央分隔带被偷走。今天,像这样的事情不会再发生了。

在管理系统的后台,公司将培训情况与操作员的安全卡相结合,只有经过培训且具有特定设备操作证书的员工才能启动机器设备。所有这一切都可以防止随便一个带有启动钥匙的人员跳入驾驶室启动设备的事情发生。连接机器和操作员还可以跟踪操作员的表现。现在,因为确切地知道是谁启动并操纵了哪台设备,所以使用情况直接与操作员联系起来。公司可以跟踪单个操作员的运行和闲置时间,从而跟踪个人表现,而不是只知道机器的使用情况却不知是谁在操纵设备。如果没有网络连接,公司必须手动将计时卡或工资单条目与设备使用情况相匹配。承包商跟踪操作员的表现,不是把自己当成"大哥",而是更好地指导操作员减少机器闲置时间。例如,通过查看操作员在 5 台不同机器上的闲置时间,公司可以知道他在管理其利用率方面做得如何。如果他做得不好,公司就可以指导并帮助他提高。

另外,HID 卡还有助于解决未报告的设备损坏问题。现在,公司可以通过了解在机器损坏期间谁启动了机器来缩小嫌疑人的范围。蒂姆说他有很多这样的故事。他接到一位机械师或现场负责人的电话,说:"嘿,你能帮我查一下,告诉我上个星期谁开了我的卡车吗?我车上的设备损坏了,但没有人承认曾用过它。"因此,公司可以查阅报告,将嫌疑人员定位到少数几个人,以便找出罪魁祸首。

17.6　总结

蒂姆认为,公司在设备管理方面的成熟程度不同,这意味着并非每个人都以同样的方式看待设备管理。对于这家精细化承包商而言,通过连接的施工机械实现设备管理是一种竞争优势。蒂姆还认为人们只是希望物联网能够为他们提供以前没有的解决方案。他表示,他的公司采取了略微不同的方法,他说:"首先我们要弄清楚我们想要改进什么,这将告诉我们需要测量什么,需要从机器中收集哪些数据。"换句话说,不要看连接可以做什么,而是弄清楚你试图改进的业务案例,然后回头看所需做的工作。

接下来是什么?这家精细化承包商开始开发基于 GPS 信息的

机器设备自动定位转移技术,并将 ISO 15143 标准用于土方机械。2016 年,ISO 颁布了新的混合车队标准,使机器用户能够将更多的机器数据收集到他们选用的业务或车队管理软件中。ISO 15143-3 在 2016 年进一步规定了通信模式,旨在通过互联网从制造商的服务器向第三方客户端应用程序提供机器状态数据。该标准描述了用于从服务器请求数据的通信记录,以及来自服务器的响应,其包含用于分析机器性能和运行状况的指定数据元素。蒂姆 8 年前开始与他的公司一起探索,主要是为了管理燃油成本。当燃油价格为每加仑 3 美元或 4 美元时,它可能是建筑项目成本的很大一部分。现在有了数据,他们甚至在投标过程中享有竞争优势。虽然很明显会有越来越多的数据供他们分析,但蒂姆提醒我们,有时候简单的事情才是最重要的。

第 18 章

精细化剪叉式和伸缩式作业平台

古鲁·班德卡(Guru Bandekar)是捷尔杰集团的全球工程和项目管理副总裁。捷尔杰公司成立于 1969 年,现在是一家拥有 30 亿美元资产的公司。该公司是伸缩式作业平台、剪叉式作业平台、伸缩臂式叉装车和高空取料平台的领先设计者和制造商。

古鲁看到了捷尔杰公司在日益商品化的世界中所面临的压力和机遇。因此,捷尔杰公司正在将更多的电子设备嵌入到设备中,并且雇佣更多的软件开发人员和数据科学家来进一步优化其产品。这为捷尔杰公司提供了一个机会,使它能更好地满足最终客户和租赁公司的需求,通过机器互连来提高生产效率。

18.1 设备层

剪叉式作业平台是一种垂直移动平台,可将工人提升到工作现场的高空作业区。剪叉式作业平台适用于升降多个工人的作业,因此平台的尺寸往往比其他类型的高空作业平台大得多。它由一种类似剪刀叉链接的折叠支撑构成,使其能够实现垂直运动,它的名字也由此而来。它采用液压、气动或机械(通过导螺杆或齿轮齿条系统)传动方式为剪刀叉动作提供动力。依靠动力系统,作业平台可通过简单地释放液压或气动压力而无须电能即可进入下降模式。发生故障时,这种系统可通过释放手动阀将平台返回地面,这也是升降作业平台选择这些传动方式的主要原因。

伸缩式作业平台是一种空中作业平台,拥有一个能够在障碍物周围操纵的液压臂。伸缩式作业平台有两种基本类型:铰接式和伸缩式。铰接式作业平台具有可弯曲的臂,使吊篮更容易在物体周围移动;伸缩式作业平台是直臂,通常具有更高的载荷能力,但更难以操纵。

伸缩式作业平台可以比剪叉式作业平台延伸得更高。剪叉式作业平台通常可达到 6~15m 的高度,伸缩式作业平台可以延伸到 56m。此外,由于大多数剪叉式作业平台只能垂直移动,因此无法在障碍物上方操纵它们。伸缩式作业平台的价格往往更昂贵,每周的租金是剪叉式作业平台的 2 倍多。

捷尔杰公司使用 ORBCOMM 公司的软件和硬件连接所有系列的剪叉式和伸缩式作业平台。捷尔杰公司伸缩式作业平台和剪叉式作业平台如图 18.1 所示。

图 18.1 捷尔杰公司的伸缩式作业平台和剪叉式作业平台

捷尔杰公司的 5m 剪叉式作业平台使用 ORBCOMM 公司的 3 线 ClearSky 定位装置连接,该装置插入捷尔杰公司的四孔插头(如图 18.2 所示),用来测量位置、上电/断电和电池电量。

图 18.2　标准四针车载通信插头

捷尔杰公司的 12m、18m 和 24m 伸缩式作业平台占 80% 以上的市场份额。作为这些领域的领头羊,捷尔杰公司的机器设备采用 CAN 总线接口连接 ORBCOMM 公司的 PT7000 系统。PT7000 配置有传感器来检测位置、上电/断电、蓄电池电量、工作周期、负载类型、发动机速度、转速、故障代码、发动机工作时间/闲置时间、油耗、电池电压及电子围栏等。它有 4 个数字量输入,2 个数字量输出和 4 路模拟量输入。另外,它支持 J1939 和 J1798 协议,即支持多种 CAN 总线协议。PT7000 由机器设备供电,也可由 9V 备用电池供电。

18.2　网络连接层

剪叉式和伸缩式作业平台都使用 3G 蜂窝网络、蓝牙或 Wi-Fi连接，在偏远地区或矿山也可以通过卫星连接。ORBCOMM 装置的软件可以通过蜂窝网络或卫星远程更新。

机器接入网络后，可以根据捷尔杰公司要对其进行的操作及想要从机器上获取的数据类型对其进行配置或更新。设备设置为每 2~3min 提取一次机器数据，这些数据传输的速率通常为 5~6kb/s。

18.3　数据采集层

根据使用情况不同，捷尔杰公司机器上的数据最初被收集在不同的云端。捷尔杰公司提供自己的 ClearSky 平台，供客户管理其捷尔杰公司设备车队。ClearSky 在 AWS 上运行。在某些情况下，数据是通过 API 在客户的云端收集的。在其他情况下，数据首先发送到 ORBCOMM 的 FleetEdge 平台，该平台在弗吉尼亚州的二线数据中心的第三方私有云上运行。数据首先以短期存储方式归档大约 6 个月，此后它将转为长期存档。ClearSky 控制面板如图 18.3 所示。

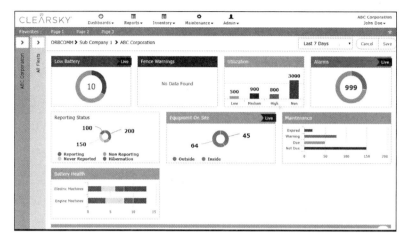

图 18.3　ClearSky 控制面板

IT 服务和零件管理数据收集在特定的 ERP 应用程序中,该应用程序已与捷尔杰公司特定的保修管理应用程序 Service Bench 深度集成。此外,add * ONE 软件系统被用作零件预测工具。最后,捷尔杰公司使用思科系统收集呼叫处理信息。

18.4　学习层

对于 ClearSky 客户,一旦机器与序列号关联,就会被预分给或分派给客户的 ClearSky 账户。这意味着一旦客户登录到应用程序,他们就能够查看其车队中的机器,如图 18.3 所示,他们可以查看机器所在的位置,或者对机器进行更深层次的探索,查看更详细的信息,例如轮胎压力或伸缩臂的角度,具体取决于机器的类型或类别。

要访问捷尔杰公司的 ClearSky 云,客户需使用行业标准登录/密码身份验证。捷尔杰公司要求使用 HTTPS 保护所有面向客户的网站,包括没有登录的网站。

登录后,客户根据其权限获得相应信息的访问权。例如,一位管理整个车队的经理具有访问特定客户车队内所有机器的权限,而部门经理可能只被授予查看车队中部分机器的权限,机械师可能只能访问某个机器。从客户的角度来看,访问控制是层次结构,高级管理员可以访问所有机器数据,子管理员拥有较少的数据访问权限。捷尔杰公司在创建这些客户账户时充当管理员的角色。

18.5 执行层

数据分析有助于捷尔杰公司、租赁公司和客户了解现场机器设备真实的利用率,包括最佳利用率和实际利用率。例如,最佳利用率包括报告机器是否超出规格、超速、超出倾斜角度或以不安全的方式操作等。实际利用率包括报告机器设备是否在现场处于闲置状态,或正在转场,即机器设备以全轮驱动方式穿越现场并行进了一段路程。

捷尔杰公司的许多大客户都是租赁公司,所以如果有一台机器出现不能租用情况,那么这对公司来说是一种损失。因此,预测性维护报告是非常重要的。利用数据进行预测性维护不仅意味着告知客户根据使用情况更换设备的机油,而且还意味着能够根据客户设备的故障代码数据预测潜在的故障。现在使用 ClearSky，你可以看到上次的维护时间及下次的维护计划。在未来，捷尔杰公司希望利用实际利用率和伸缩式或剪叉式作业平台的性能传感器数据来推荐相应的服务。

捷尔杰公司还使用数据来了解总体使用成本。对于任何一台机器，捷尔杰公司都知道机器的工作循环是什么类型，以及它的利用率情况。因此，根据所需的维护类型、机器的使用年限、机器的成本、客户购买的备件的类型、给定机器的运行成本，以及与车队中其他机器相比的相对价值等，捷尔杰公司可以确定客户保留和运营这台机器设备的成本。捷尔杰公司通过这种整体情况分析可以得知，保留或出售一台旧机器和购买一台新机器哪个在经济上更合算。捷尔杰公司还利用这些信息向租赁机构提出建议，告知机器何时不再具有成本效益。

现在，捷尔杰公司的大部分营收来自向客户销售新机器和零部件，但他们也为特定客户群提供一些新服务。例如，捷尔杰公司监控机器并给出服务建议，对每台机器收取年费；提供与零部件管理系统进行持续连接，如果客户承诺仅使用捷尔杰公司的零部件，则零部件将以折扣价格快速交付。

18.6　总结

古鲁说捷尔杰公司过去两年的关注点在机器连接。在接下来的两年中，机器连接将成为常态，关注点将转移到谁拥有数据及数据可以创造的价值。谁拥有这些数据？是机器设备制造商，还是使用机器设备的用户？我们在谈论什么数据？是传感器数据、保修索赔、最近一次服务电话还是最近一次订购的零部件？

在不久的将来，已经开始进入汽车市场的电气化浪潮肯定会带来伸缩式作业平台和剪叉式作业平台的改变。今天，这些机器上的传动系统是柴油驱动的，但柴油发动机不仅需要大量的能源，而且它们的噪声也很大。因此，似乎可以肯定的是，许多使用此类传动系统的机器将改为电动机驱动。升降平台本身是另一回事，对于较小的升降平台，它们很可能不是液压驱动，而是电气驱动的。然而，对于较大的升降平台，液压系统可能会继续保留下来。

与汽车一样，机器将变得更智能。SAE 国际标准 J3016 为汽车制造商、供应商和政策制定者定义了 6 个级别的自动化，以对系统的复杂性进行分类。今天的剪叉式和伸缩式作业平台运转需要大约 10 000 行代码，但随着更多传感器的使用和计算能力的增加，这些升降平台将变得更加智能。对于某些重复性工作，它们可能达到 3 级(有条件的自动化)或 4 级(高度自动化)。

但是所有这些都会为升降平台服务吗？在汽车领域，我们已经将乘车视为一项服务，当服务与自动驾驶相结合时有可能扰乱汽车行业。当然，那是因为移动汽车相当容易，我们可能需要一段时间才能看到自主行走的伸缩式作业平台从一个施工现场移动到另一个施工现场，但大可放心，无论未来如何，古鲁和捷尔杰公司都将成为其中的一部分。

第 19 章

精细化的履带式装载机

克里斯·哈勒西（Chris Hulsey）在塔利斯曼租赁公司（TALISMAN Rentals）工作，这是一家位于亚特兰大的建筑设备租赁公司，也是塔利斯曼租赁集团（TALISMAN Hire Group）的分公司。他已经从事这项业务超过 10 年并且已经熟悉了这一切，技术的提升帮助他对这个行业有了更深的了解。

在一个星期一的早上，一位租用了竹内挖掘机一周的乔治亚客户退回了设备，声称他没有使用设备，不应该被收取租金。然而，克里斯查看竹内车队管理门户网站上这台机器的状态，发现该客户不仅使用了这台设备，而且还将机器一直带到了佛罗里达州。克里斯告诉该客户："我可以看到你每天早上 5 点启动机器，一直运行到下午 2 点。我猜测你然后是在午休，因为你在下午 3 点重新启动了机器。"顾客陷入了谎言的恐慌中，不得不回答说："是的，你抓到了我。"

这个狡猾的客户以为他可以从租赁公司占到便宜，因为正如克里斯所说，塔利斯曼公司看起来像一个"零售部"。但实际上，客户正在与一家使用最新车载通信技术的高级租赁公司打交道。正如克里斯所说："我们只购买工业级高质量的设备，这些设备耐用、少维护，并且易管理，这意味着如果设备没有车载通信功能，我们就不去购买它。"在建筑机械设备清单中,克里斯购买和租赁的建筑机械清单中包含竹内公司生产的挖掘机和履带式装载机。

19.1 设备层

竹内公司于 1970 年开发出世界上第一台小型挖掘机,并在 20 世纪 80 年代中期推出了第一台紧凑型履带式装载机。今天,竹内公司已经生产了 7 种型号的紧凑型挖掘机和 5 种型号的履带式装载机。

这个案例重点介绍竹内公司 TL12V2 履带式装载机(如图 19.1 所示)。履带式装载机是一种由履带式(非轮式)底盘和装载机组成的机器,用于挖掘和装载物料。履带式装载机在施工现场可以执行绝大多数任务,这就是许多公司车队购买它的原因。

图 19.1　TL12V2 履带式装载机

所有型号的 TL212 装载机都配备 TFM 系统。在设备层面,TFM 通过 ZTR 公司的 M8HZT 车载通信装置实现(如图 19.2 所示），为 ZTR 的 ONE i3™ 后台提供数据解决方案，驱动 TFM 应用程序。竹内公司在其工厂安装了 M8HZT。通过 CAN 总线网络连接，M8HZT 从控制单元收集数据，读取所有车载传感器和控制器数据。支持 TFM 的竹内机器提供一系列基于传感器的信息，包括发动机扭矩、喷油器计量轨压力、液压油温度、机器位置、发动机转速、电池电压、发动机油压、发动机冷却液温度、燃油油位、燃油消耗率、DPF（柴油微粒过滤器）状态、行程表和最近一次通信信息等。此外，还提供 J1939 标准故障代码及竹内特定故障代码。

图 19.2　ZTR M8HZT

用于上传传感器数据的 M8HZT 由 12V 电池供电，备用电源为 5200mAH 锂离子充电电池。

19.2　网络连接层

M8HZT 采用 LTE Cat 1 的 700、850、1900 和 2100MHz 频段接入 4G 蜂窝网络。该解决方案还可以通过 3G 和 2G 网络覆盖实现全球范围的运营,这对于全球供应产品的 OEM 设备制造商来说非常重要。无线网络运营商提供专用的 APN/VPN 网络,因此在传输过程中所有数据都受到保护。GPS 定位由卫星通过一个 56 信道模块提供,使用了卫星增强系统(SBAS)。当设备开启时,机器立即将数据发送到竹内公司的 Fleet Management 应用程序。当设备运行时,数据每 15min 传输一次;而当设备关闭时,数据每小时发送一次。

19.3　数据采集层

数据通过 ZTR 公司的 ONE i3™ 后台进行收集、过滤和标准化,ZTR 公司还为竹内公司的 TFM 提供方案支持。竹内公司通过专用 API 每天提取一次数据,将其提供给其他关键业务系统。然后将数据存储在位于竹内数据中心的 Microsoft SQL 服务器数据库中,该数据保留 18 个月。到目前为止,竹内公司收集了大约 50GB 的信息。

竹内公司使用 PTC 公司的 iWarranty 应用程序收集保修索赔请求。每个区域服务经理都有一个业务队列,他们能看到新的待处理索赔、退回待检的零部件及当前退回零部件的索赔状态。他们将对这些索赔进行审查和批准,但最终批准是在国家一级。竹内公司还使用 iWarranty 进行机器注册和服务公告发布。对于产品服务和技术支持,当前系统基于 ShoreTel 公司的电话管理系统和邮件系统构建。

19.4　学习层

由 ZTR 公司的 ONE i3™ 提供支持的 TFM 应用程序包括用于地图、资产、警报、维护计划和分析的模块。这使竹内公司的用户可以访问机器位置、利用率、性能和维护等数据。它还可以让任何用户清楚地了解设备的所在位置和运行方式。

机器故障几乎总是与机器操作有关，例如操作员以错误规程操作机器；又例如，当发动机开始过热时，它将首先发出声音警报，然后警告灯闪烁，机器显示屏上出现故障代码。随着机器在过热情况下继续运行，故障代码、发动机温度、运行时间和其他有用的诊断信息将存储在 TFM 中。操作员通常只需关闭机器并重新启动就可将故障代码清除，但机器会继续过热，最终不可避免地导致发动机损坏。如果操作员在第一次报警时就关闭机器，查找过热原因（例如冷却液不足或散热器脏了），则可以避免昂贵的维修费用。在机器联网之前，操作员可将已损坏的机器退回给经销商，但必须在两年保修期内经销商才能承保。今天，在联网状态下，竹内公司可以在保修时依据记录更全面地评估故障情况，例如，数据显示操作员是否正确操作了机器或忽略了故障代码。

竹内公司还可以使用数据指导操作员学习如何更好地操作他们的机器。例如，操作柴油发动机的传统观点是让它们待机（即不要将它们关闭）。过去可能确实如此，但是让装备柴油颗粒过滤器（DPF）的柴油发动机待机，这是最糟糕的事情之一，因为它们在待机时燃料不会充分燃烧,这可能导致柴油颗粒过滤器的堵塞。出现这样的问题,要么让柴油发动机更频繁地进行再生过程,要么拆除 DPF 并进行专业清洁。如果操作员运行平均负荷率仅为 20%或更低的柴油发动机,则还需要更频繁地进行再生过程。

再生与配备有 DPF 的柴油发动机相关,DPF 是设计用于从柴油发动机的废气中去除柴油颗粒物质或烟灰的装置。当过滤器堵塞时,它需要使用称为"再生"的过程来清洁,以燃烧排气过滤器中的碳颗粒。在大多数情况下,这种再生过程在正常操作期间可自动完成。但是,在某些情况下,机器可能需要做一次驻车再生,这种再生过程要求机器设备是静止的,对排气过滤器做一次彻底清洁(再生)恢复其效能,再生过程持续 30～45min,在此期间设备不工作。

竹内公司机器的再生有 5 个警报级别。在第 1 级和第 2 级,每10s 发出一次蜂鸣声,然后在操作员控制台上点亮再生指示灯;在第 3 级,每秒会发出一次蜂鸣声,并显示一个故障代码,要求操作员停止机器并进行再生过程;当达到第 4 级时,经销商必须到施工现场将笔记本电脑连接到机器并强制进行再生过程;当机器达到第 5 级时,就得取下过滤器并进行专业清洁了。在任何情况下,忽略警报都可能导致昂贵的维修费用。

通过 TFM 访问机器数据,经销商能发现怠速过长的机器,以及因此可能需要频繁地进行再生过程的风险。例如,当这些机器在寒冷气候条件下,如在加拿大北部的油田工作时,惯用方法是让发动机整夜空转,以避免出现机器因寒冷天气而无法在第二天早晨启动的情况。在夜间,声音警报往往会被忽略,到了第二天早晨机器显示 5 级报警状态。现在有了 TFM,经销商和竹内公司会建议夜间关闭机器并使用加热器对其保温,因为它们可以精确监控机器的状态。

在维护方面,竹内公司建议大多数机器的维护时间间隔为500h。使用 TFM 获取的机器数据,经销商可以知道机器何时达到维护时间。这样,经销商就可以针对客户的机型提前准备好合适的配件,并与客户联系以安排服务预约。在未使用 TFM 之前,机器经常运行到需要急停处理的地步。现在有了数据,维护可安排在机器不承担任务的间隙进行。

19.5　执行层

在竹内公司将机器联网之前,它们可能会看到某种故障一年发生 6 次。这些故障大多是由于下列几个因素造成的,例如空气过滤器污损、电池耗尽和操作员误操作。现在,通过联网,机器利用率得到了显著提高。对于克里斯来说,这意味着他拥有保持机器运行在最佳状态所需的信息,他说:"如果我能做好设备维护,它将持续稳健运转,那么客户就能按时完成工作并且不会超出预算。"

凭借诊断联网机器的能力,克里斯可以为客户省去一大笔请技术人员去现场的费用。例如当客户听见机器发出哔哔声而束手无策时,他们可以打电话给客服进行处理;又例如,使用 TFM,塔利斯曼租赁公司的工程师可以知道,这台机器需要做一次再生,工程师会指导客户完成这个过程。如果他们不得不将机器送去维修,那么客户将花费 500～1000 美元的维修费用。

机器联网还衍生出新的业务模式。与大多数租赁公司一样,塔利斯曼公司按运行时间向客户收取费用,而不是按它们租赁机器的天数。竹内公司把提供 TFM 服务作为最初两年 2000h 保修期的一部分。一旦超过保修期,TFM 将成为一项可选的付费服务。如今,竹内公司拥有 10 000 多台联网机器,即使每台机器每月收取 10 美元的联网费用,这相当于每年增加收入 120 万美元。如果它们能够每月提供一项价值为机器购买价格 1%的服务,那么年增收入可轻松上升到近 1 亿美元。

19.6　总结

机器联网还有隐藏的好处。2016 年,东北地区的承包商客户打电话给他们的经销商,报告价值 80 000 美元的设备在工地上被偷走了,经销商仅在 TFM 系统中查找了这台设备就发现了其确切位置。TFM 的地图视图和 GPS 卫星信息能精确到 15 英尺(注:1 英尺=0.3048 米),可以轻而易举地确定机器的位置。没有联网的机器就得警察自己去找了,因为它没有任何其他跟踪设备。这位客户和警察一起出发,通过在系统中显示的确切位置找到了被盗的设备。这位客户显然对 TFM 系统的表现非常满意,此后,设备再也没有被盗过。

机器联网也改变了产品的开发方式。例如,竹内公司开发的产品使用这些数据来确保机器的尺寸与动力性能相匹配。它们现在可以访问某个型号机器的历史数据，当新一代型号问世时，就能够比较一下数据来说明机器发动机总输出功率的平均使用情况。

最终，联网机器将改变它们的销售和服务方式。至于克里斯和类似的租赁公司，未来还会与客户保持联系。塔利斯曼租赁公司正在创建一个移动应用程序，在机器达到最大利用率时为客户提供超负荷使用警报，并在 24h 内派遣技术服务人员。塔利斯曼租赁公司的客户可能还会收到冬季天气变化的通知及购买加热器的建议。在未来，克里斯设想他的客户可以登录应用程序查看与设备维护相关的警报，还能找到并订租要租赁的设备。

第 20 章

精细化环境监测

很多时候，不经意的遇见却能产生共鸣，内心会泛起波澜。2014 年，在一次交流活动中，时任微软公司的物联网移动业务的项目经理道格·塞文(Doug Seven)作为专门小组成员与一位来自斯堪斯卡公司的专门小组成员谈到了有关施工现场的环境状况监测和报告问题。

斯堪斯卡公司是一家跨国建筑公司，总部位于瑞典的斯德哥尔摩，根据《全球建筑》(Construction Global)①杂志统计，它是世界上第 5 大建筑公司。斯堪斯卡公司著名的项目包括伦敦的 St Mary Ax 大街 30 号大厦(众所周知的 The Gherkin)、新奥尔良的大学医学中心、纽约的世界贸易中心交通枢纽及 Meadowland 体育中心，这个体育中心是全美橄榄球联盟纽约喷气机队和巨人队的主场，也是 2014 年度美国橄榄球超级杯大赛的主场。

对于斯堪斯卡公司来说，会遇到环境敏感区的施工现场，即要求在一定时间内把振动、噪声或空气中的颗粒物控制在最低限度。例如，靠近医院新生儿护理病房的建筑项目，就得确保禁止冲击钻作业及其他干扰医护人员和病患者的施工作业。

---

① "世界排名前 10 名的建筑公司"，全球建筑(Construction Global)，2018.6 21

在以往,施工现场的环境监测总被看作一种技术水平低的手工作业,包括安装在现场的传感器和外形硕大的红色报警灯,以及人工巡查各个监测站点的传感器读数记录,如图 20.1 所示。这种环境监测方法有明显的局限性,最主要的是,如果施工现场出现了问题,比如现场施工的噪声超过了容许值,建筑公司或者用户不能实时地了解现场状况。斯堪斯卡公司认识到,它们应该把施工现场的环境监测做得更好,恰好道格·塞文与微软研究团队也有愿望提供此方面的帮助。

图 20.1　传统的施工现场环境监测

20.1 设备层

斯堪斯卡公司最初的解决方案为 inSite Monitor,该系统于 2012 年首次应用到施工现场。使用该系统,施工团队能够监测施工现场的一系列环境状况参数,如振动、噪声、空气微粒和压差等。它使用网连设备实时通报施工现场的环境状况参数,无须笔和纸。2014 年,升级版 inSite Monitor 2.0 系统推出。新版本并没有改变硬件设计,仅升级了系统软件,使 inSite Monitor 系统具有在后端把系统连接到 Microsoft Azure 的功能。

2015 年,道格·塞文组织了一次编程马拉松活动,有 4 名来自斯堪斯卡公司的工程师及一些微软公司的工程师参加。这次活动的目的是:在 4 天时间内,基于微软公司正在开发的新硬件搭建一个 inSite Monitor 系统,大幅度升级 inSite Monitor 概念版的工作原理验证系统。

工程师们用胶带和焊料制作了一个样机,他们用廉价的小型传感器替代了原来粗笨的手持式传感器,如温度、湿度、压差、振动和噪声等传感器。样机采用 MinnowBoard MAX 开发板,这是一种开放式硬件、嵌入式系统开发板,以 Intel Atom E38XX 系列 SoC 芯片为核心,可以基于 SD 卡运行 Windows IoT 物联网操作系统。另外,这个样机还可连接到 Azure Cloud 上,并且可用 Azure 流分析查询数据流。除此之外,还可用微软公司的 Power BI 实现系统数据可视化。

接下来要做的工作是：清除胶带，把样机变成一个可靠的产品，使它能够不间断地监测实际的施工现场。

新一代 inSite Monitor 3.0 系统采用模块化设计，如图 20.2 所示，这样，可根据具体情况增加和去除某些传感器而不需要更换整个系统。目前，在施工现场配置的传感器有温度、湿度、漏水、大气压力、噪声、振动和空气微粒等传感器。

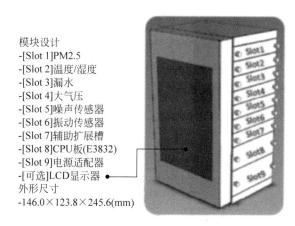

模块设计
-[Slot 1]PM2.5
-[Slot 2]温度/湿度
-[Slot 3]漏水
-[Slot 4]大气压
-[Slot 5]噪声传感器
-[Slot 6]振动传感器
-[Slot 7]辅助扩展槽
-[Slot 8]CPU板(E3832)
-[Slot 9]电源适配器
-[可选]LCD显示器
外形尺寸
-146.0×123.8×245.6(mm)

图 20.2　inSite Monitor 模块化设计

inSite Monitor 3.0 系统采用了支持高通公司（Qualcomm）DragonBoard 410C 处理器的定制系统板。inSite Monitor 2.0 的成本为 7000～12 000 美元，而 inSite Monitor 3.0 的成本大约为 1200 美元，节省了约 90%。

毫无疑问，在软件方面，inSite Monitor 3.0 系统运行 Windows IoT Core 操作系统，是 Windows 操作系统一个占用内存非常小的版本，专用于小型设备。开发者可以在 Windows 环境的计算机上用 .NET 或 JavaScript 编写程序，然后，再把程序配置到运行 Windows IoT Core 的计算机中。

20.2 网络连接层

inSite Monitor 方案的高层架构如图 20.3 所示，inSite Monitor 也可以作为物联网现场网关（IoT Field Gateway），把传感器数据连接到微软的 Azure Cloud 云的后端上。它的网络与互联网的连接是通过 WiFi 实现的，如果想把网络接到 MiFi 上，inSite Monitor 还提供了 2 个 USB 接口。每个传感器的设置不一样，通常 inSite Monitor 连续采集 30s 左右的传感器数据，然后，把平均值发送到 Azure Cloud 上。

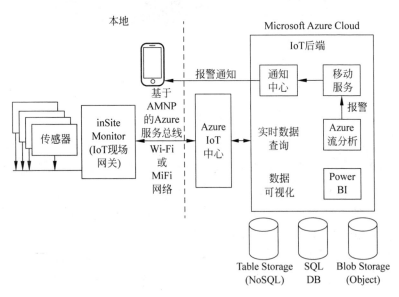

图 20.3 inSite Monitor 方案的高层架构

高层通信由 Microsoft Azure 服务总线（Microsoft Azure Service Bus）来处理。服务总线提供每个施工现场的传感器与 Azure 物联网中心（IoT Hub）之间的消息传输层。服务总线是一个采用第三方通信机制的代理，即使在 inSite Monitor 与 Azure Cloud 不能同时有效的情况下，也能够保证数据传递。

数据采用 AMQP（Advanced Message Queuing Protocol）协议传输。AMQP 是一种针对中间设备报文的应用层开放标准协议。基于 AMQP，Skanska 公司能够用组件构建一个跨平台的混合应用，这些组件可以用不同的语言和框架构建，并且可以运行在不同的操作系统上。

20.3　数据采集层

在存储需求方面，因为每个传感器仅发送几个字节的数据，因此，在 4 个月里每个 inSite Monitor 只存储了不到 200 KB 的数据。

一旦 inSite Monitor 与互联网连接，传感器数据由 Azure Table Storage 来采集。Azure Table Storage 是一种用于无模式存储数据的 NoSQL 数据库。此后，数据被云服务人员处理，再以结构化数据格式传输到某个 Azure SQL 数据库。该数据库也存储 inSite Monitor 系统的配置信息，诸如传感器的名称、安装位置等。另外，当发生报警时，也会生成一条记录，并存储在该 Azure SQL 数据库中。

AzureBlob Storage 可用于存储用户数据和图像文件，尽管目前尚无用户数据存储（仅有图像图标）。Azure Blob Storage 是微软公司针对云的对象存储解决方案，用于对存储大量非结构化数据进行优化。

20.4 学习层

与大多数早期监测系统一样，从现场采集的数据中发现问题需要将数据可视化和人工观察两方面相结合。斯堪斯卡公司用微软公司的 Power BI 工具箱实现数据可视化。它能使斯堪斯卡公司的工程师看到用不同类型的图表和曲线表示的数据，基于这些图表和曲线能使他们观察数据的变化趋势。例如，斯堪斯卡公司的工程师可以绘制过去一小时、一天或一周的气温变化趋势曲线，也可以显示当前温度，过去 24h 内的最高、最低及平均温度等其他参数。将来，斯堪斯卡公司的工程师计划应用机器学习算法从所存储的数据中搜寻和检测异常现象。

为了检测传感器测量值超过参数正常容许值的事件，首先，需要设置每个传感器测量值的容许范围；然后，现场采集的数据从物联网中心（IoT Hub）被送到 Azure Stream Analytics 引擎。这个引擎是用来查询数据流突发事件的实时工具。Azure Stream Analytics 使用的编程语法与 Transact-SQL（T-SQL）类似。T-SQL 是一个赛贝斯（Sybase）和微软编程扩展的子集，给结构化查询语言（Structured Query Language，SQL）增加了一些特性。使用这种语法，斯堪斯卡公司的工程师可用 SELECT 和 WHERE 语句从现场数据中获取数值。例如：工程师用查询语句"select where temperature is greater than X", 或者 "select where humidity is greater than Y" 等来获取期望的信息。也就是说,当施工现场的数据被导入后,斯堪斯卡公司的工程师编写了在数据中实时检测异常情况和报警条件的规则。

当 inSite Monitor 系统识别到阈值越限事件发生时,报警信息通过 Azure 移动服务(Mobile Services)发送到通知中心(Notification Hub),同时,报警信息被发送到 inSite Monitor 系统的移动 App 上。移动 App 除了接收警报信息之外,还能接收实时数据,以便生成图表和曲线,如图 20.4 所示。另外,移动 App 可运行在斯堪斯卡公司员工及其客户的移动设备上,因为它与运行在 Azure Cloud 的众多服务之间有通信,因此保证了所有相关人员始终能够得到施工现场的信息。

图 20.4　inSite Monitor 的移动 App

20.5　执行层

在典型的建筑项目中,斯堪斯卡公司承担了雇佣承包商和实施项目管理的所有风险。对于这些项目,斯堪斯卡公司通常按项目总成本的固定百分比收取服务费,例如,可能收取大约 3% 的费用,用来支付包括客户在内的费用,如 IT 服务和支持。鉴于这种业务模式,inSite Monitor 系统的成本被计入整个建设项目的成本之中,包括设备本身的前期成本和监控的月服务费。

使用 24h 不间断报警系统,施工现场的不安全环境状况漏检的风险被大幅度地降低。一方面,由于发送实时报警信息给所有相关人员,当施工现场出现环境问题时,各方人员能够立即采取行动;另一方面,斯堪斯卡公司也可借此证明其遵守了客户和政府两方的要求和规定。

例如,所有医疗建设项目都要求保持负压,保证空气中的颗粒物不会从项目施工现场漂移到邻近正在进行的医疗活动处。inSite Monitor 系统使斯堪斯卡公司能记录、检查、应对任何气压的变化情况,从而确保了整个施工过程中 $7 \times 24h$ 保持合规。另外,如果存在影响施工现场环境状况的系统性问题,用数据变化趋势图表更容易识别。

下面介绍一个案例。斯堪斯卡公司与 San Antonio 的一家名为 Metropolitan Methodist Hospital (MMH)的医院签订了承建在运营的医院设施顶部增加 5 层附属建筑的整修合同。这次整修包括增加 2 层与内窥镜检查室相连的护理室、核磁共振成像（MRI）系列工作室及一些急诊部门的支援空间。

这个占地 $5516m^2$、工期为 22 个月的整修工程是在现有设施的基础上进行的。这意味着首先要与医院做周密的计划和沟通。为了最大限度地减少对现有设施的破坏并不干扰医院的正常运营，项目团队应用了 inSite Monitor 系统。这样，斯堪斯卡公司和 MMH 双方都能够实时地监测传感器，当传感器达到预先设定的危险等级时，双方都能接收到报警通知。

20.6　总结

在应对一般的挑战时，建筑施工现场的环境监测仅仅是其中一个方面。亚洲一些主要城市已经建立了监测空气质量的传感器网络。纽约市市长比尔·白思豪（Bill de Blasio）在 2018 年世界地球日宣布，纽约的空气是自官方开始监测空气质量以来最洁净的。根据这个报道可知，纽约的空气质量在持续地改善。市长的目标是"到 2030 年，纽约的空气要成为美国所有大城市中最洁净的"。

在这个领域，来自政府、学术界和商业界的人士正共同关注一个问题，如何有效地使用低成本的传感器来监测城市、乡镇和郊区的空气质量。

美国环境保护局创建了一个空气传感器工具箱（Air Sensor Toolbox）来支持社团和市民选用低成本的传感器。此外，商业界也已参与其中,如 Environsuite 公司的软件用于环境管理[1], Breezometer 公司开发了一个 API 用来显示空气质量的各种指标[2]。

除了环境监测外,建筑物也被建造得更加智能化。当人们认识到室内烟雾监测尤为重要的时候,一些创业公司就尝试着改善室内空气质量。有个故事是关于芬兰人阿基·桑顿萨里(Aki Soudunsaari)的,阿基在上学期间常常经受不良室内空气质量引起的头痛之患,现今阿基创建了 Naava 公司——做植物墙的创业公司,利用植物根部微生物的净化作用来改善空气质量。Naava 公司把植物的土壤从墙壁上完全清除,使空气可以直接与根系相互作用。为了更有效地提升净化效果,墙面还配备了风扇。阿基的顾问委员会成员有演员莱昂纳多·迪卡普里奥(Leonardo DiCaprio)和精神领袖狄巴克·乔布拉(Deepak Chopra)。在芬兰,Naava 公司已拥有数 10 家重要的 B2B 客户,这些客户有商学院、公司办公室及冰上曲棍球场等。

再回到室外,我们知道,空气质量、噪声和振动监测仅仅是一个网络连接的建筑施工现场的一部分而已。在未来,不仅环境可以被监测,人员、材料和机械设备的监控等也会包含其中。

---

[1] www. Environsuite. com

[2] www. breezometer. com

第 21 章

基于增强现实的精细化建造

在某幢建筑和建筑空间被认定为符合建筑规范之前,得经过建筑检查人员的勘察。布莱恩(Bryan)是一名有 30 多年经验的建筑检查工作者,练就了一双能甄别未达到规范要求和违反规范的"火眼金睛"。多年来,他始终如一地做着日常检查工作。手里拿着纸夹笔记板行走在建筑各处仔细巡视和检查,记录违反规范的情况,例如窗户的密封不当、存在消防系统没有覆盖的区域等。他用勾选列表的形式做建筑规范检查记录单。

在检查之后,布莱恩用打字机录入做的现场记录,或者把这些记录转抄到记录纸上,采用哪种形式取决于他在哪个城市做这项工作。对于检查人员来说,这项工作极其枯燥,而且容易出错。手写的记录可能模糊不清,检查人员有时无法准确地回想起在哪个地方指出了与规范不一致的问题,以及是否与承建商之间沟通有误。

布莱恩说,这样的情况并不少见。假设一个房间中有 5 个不符合建筑规范的地方,只有 4 个被纠正了,意味着要么漏掉了 1 个,要么本来就无须纠正。因为尚未解决的问题仍需要安排工人去返工,如此,浪费了时间和金钱。

随着 3D 建筑信息模型的应用,出现了其他方面的挑战。建造过程中的每一工序都有自己的模型,如机械、管道、电气及暖通空调系统(HVAC)等,但是由于没有模型设计标准,这些模型在结合和应用时会发生冲突。例如,水工可能会发现自己的工作没法干,因为电工已经把电线布置到管道的位置上了。目前解决这个问题需要人工处理,称为冲突检测,即把一个模型分割成多个部分,在3D环境下做冲突检验,以便在建造工作开始之前尽早地查出模型存在的问题。

甲骨文设施公司(Oracle Facilities)在甲骨文的雷德伍德城(Redwood City)校园建造了一所公立特许学校——设计技术高级学校,如图 21.1 所示。为了应对上述挑战,在建造时出于安全第一的原则,甲骨文设施公司希望采用领先的技术和项目管理来保证项目按期完成。为了实现这一目标,他们采用多技术组合的方式,由 DAQRI 智能眼镜(Smart Glasses™)提供的增强现实(如图 21.2 所示),把实时数据提供给 Oracle IoT Connected Worker 应用程序,以提升工人的生产效率和安全性。智能眼镜与 Oracle Prime 应用程序一起用于建设项目管理。

图 21.1　设计技术高级学校

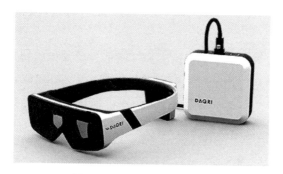

图 21.2　DAQRI 智能眼镜

21.1　设备层

DAQRI 的增强现实智能眼镜把建筑信息模型按比例地叠加到现实世界的场景中,并且呈现在佩戴者的视野中,能帮助工人对其在做的工作做出更好的决策。

智能眼镜包括两部分:一部分为头戴装置,包括光学和传感器套件,还有一个专门用于计算机视觉功能的辅助处理器;另一部分是计算处理单元,包括主处理器、存储器和电池等。头戴装置重335g,而计算处理单元重 496g。这两个部分都内置了可充电的5800mAh 锂离子电池,在正常工作情况下,电池可维持 4～6h。

计算处理单元的计算能力远超于高端游戏笔记本电脑,它采用第 6 代 3GHz Intel® Core™ m7 处理器、8GB 的 RAM 和 64GB的固态硬盘。DAQRI 采用专用的视觉操作系统(Visual Operating System™)和六自由度专用视觉处理器。也就是说,它可沿着 X、

Y、Z 轴运动,并且可在 X、Y 和 Z 坐标之间旋转(倾斜、摆动和滚动)。

头戴装置有若干个摄像头和传感器。景深传感器提供环境重建所需的信息,而其他传感器用于跟踪温度、湿度、噪声和位置的变化。为了实现增强现实功能,计算机把建筑信息模型与摄像机拍摄的图像、传感器检测到的现场参数、智能眼镜在现实世界的位置叠加在一起。

基于多种因素的考虑,智能眼镜并没有 GPS。智能眼镜被设计成在无须 GPS 的环境中使用。因为 GPS 的精度只能保证在几米的范围内,所以不足以满足增强现实的要求。如果分层信息与呈现在用户面前的现实空间的渲染效果相差几米,会出现巨大的误差。DAQRI 眼镜的精度等级取决于任务对眼镜的要求,但一般情况下,精度约在 1cm 之内,此精度是由内置计算机视觉跟踪技术实现的,它是 DAQRI 的专利技术。

21.2　网络连接层

智能眼镜通过 WiFi 连接到互联网,采用 IEEE 802.11 a/b/g/n/ac 标准,频率为 2.4GHz 和 5GHz。内置的蓝牙用来连接外设。温度、位置等传感器数据每 10s 被发送到 Oracle 的物联网云服务(IoT Cloud Service)平台上,建筑信息模型可以在本地以离线和在线两种模式下载、存储和操作。

DAQRI 有一个协同办公系统称为 Show,可以使佩戴者通过浏览器与远程专家实时交流。例如,专家在浏览器上圈出一个感兴趣的点,随后会显示在佩戴者的眼镜上。要运行这个应用,智能眼镜需要不低于 350kb/s 的传输速度。

　　所有的数据传输都是以 HTTPS 实现的,有些用户根据需要使用了虚拟专用网络(VPN)。此外,所有运行在智能眼镜上的应用都由一个移动应用管理组件调配,它为智能眼镜开辟了一个安全的通道。这些应用也由开发人员单独编码认证以防止中间人攻击,保证该设备不接收来自不可信任的第三方对应用的修改。

21.3　数据采集层

　　数据从智能眼镜传输到物联网云服务平台,该服务平台是一个 PaaS(Platform as a Service)平台。它把现场实时数据与企业应用、网络服务及其他 Oracle 云服务(如 Prime 应用、IoT Connected Worker 应用等)进行分析和综合。

　　数据采集包括用来改善智能眼镜性能的设备统计分析数据和设备管理数据,如设备安装的应用程序及软件补丁的级别,此类数据被无限期地保存。

　　传感器数据也由物联网云服务平台采集,摄像机的视频数据存放在本地 SSD(固态硬盘)上。在默认情况下,DAQRI 只存储自己的应用运算所需的传感器数据,例如,在其内部标签应用(Tag application)中的个人标签的位置信息会被无限期地保存。

21.4　学习层

为了从 AR 提供的数据中学习，甲骨文设施公司借用 Oracle Prime 应用着手进行项目管理，Oracle Prime 是一个项目管理应用，把项目投资组合、施工安排、任务、资源、成本、现场团队、文档和风险等管理集成到一个平台上，使团队协作和实时可见性贯穿于整个项目生命周期。

接下来，甲骨文设施公司想找一种方法来监控施工现场员工的生产效率和安全性。例如，监控方法需实现 3 种功能：第一，员工不能手工来存取信息；第二，消除检查过程中的沟通不畅和错误；第三，出于安全考虑，确保员工不会陷入潜在的危险境地，如员工靠近极热的表面。

为此，甲骨文设施公司采用了 Oracle IoT Connected Worker 应用。Oracle IoT Connected Worker 是一个基于云的应用，为员工的健康状况、所在位置、工作环境提供实时可见的功能，同时也能监督员工更好地遵守规章制度。与物联网跟踪接入的设备不同，一个联网的 Worker 应用关联一个实实在在的人，这个人具有实时的、特定背景的和运动动作信息，这些信息是基于数据并与他本身及其所处的现实环境相关的。这样，能使他尽可能安全高效地工作。

为了帮助其实现这一目标，甲骨文设施公司把目光投向了 DAQRI 智能眼镜的 AR。智能眼镜使其佩戴者能实现情景感知，即在正确的时间细致地显示正确的信息。DAQRI 为此开发了一组配合智能眼镜使用的应用程序,包括 Show、Tag、Scan、Model 和 Guide 应用,这些应用统称为 Worksense。

21.4.1　Show 应用程序

Show 应用程序能使智能眼镜的佩戴者通过视频、语音和 3D 标注的组合方式与第三方专家远程协作,如图 21.3 所示。远程专家通过在线浏览器观看视频,在线浏览器复制了眼镜佩戴者所看到的景象。典型的应用案例是专家远程诊断并为产品提供技术支持。

图 21.3　Show 应用程序

21.4.2　Tag 应用程序

Tag 应用程序能把重要信息和备注虚拟地标记在真实的设施和资产上,如图 21.4 所示。这样,管理就可以做到一目了然。例如,智能眼镜上的传感器可探知温度是在允许范围之内,还是高于或低于允许范围。

此外,要求做的维护或现场检查差异结果也能直接标记到设施和资产上,用来作为安排工作优先级的依据。用这种方式,像布

图 21.4　Tag 应用程序

莱恩那样的检查人员就可以直接把精确标记和信息标注在有问题的对象上,并用数字方式填写差异查核事项表,从而消除与承建商之间任何潜在的误解。

这些标签被分派给相应的承建商,因此,无须再推测或怀疑复查员工是否在正确的位置上检查了正确的差异项。戴着智能眼镜的员工能看见检查人员在设施和资产上画的图和做的备注,并按要求采取纠错措施,然后再确认已执行了纠错措施。

另外,为了保证万无一失,Oracle Prime 项目管理应用跟踪所有的工作事项,它们与项目财务和资源密切关联。

21.4.3　Scan 应用程序

Scan 应用程序扫描现实环境,然后创建一个 3D 模型,这个模型是某时间点的现实环境建模视图,在智能眼镜中创建并存储,同时传给一个本地的应用程序(该应用程序正在被迁移上线)。一个应用实例是在不同的时间点扫描同一个环境,动态地显示该环境的变化情况,如建造过程的进展情况。

另一个应用实例是第三方使用 Scan 应用程序进行测量来了

解其设备是否适合于给定环境。例如,承建商想在厨房放一个冰箱,可扫描冰箱安放地点及沿途的局部环境,以保证冰箱能够顺顺当当地通过通向厨房的所有门到达安放地点。在这个例子中,智能眼镜佩戴者把冰箱模型导入到 3D 环境模型中,然后试着把冰箱"推"到安放的位置。

21.4.4　Model 应用程序：BIM 编辑

Model 应用程序可以把欧特克(Autodesk)的 BIM 360 Docs 的高分辨率 3D BIM 转换为虚拟场景。施工团队把设计图与正在进行的施工进行比对,以全数字工作流的方式保持施工现场和总部同步。

21.4.5　Guide 应用程序

Guide 应用程序可把使用指南和参考资料显示在智能眼镜佩戴者的视野中。例如,给佩戴者提示安装步骤,指导其丝豪不差地完成某项复杂的任务。

21.5　执行层

21.5.1　碰撞检测

通过 Model 应用程序,检查人员使用智能眼镜把 3D BIM 叠加到智能眼镜视野区域,可实时地进行碰撞检测。以这种方式,检查人员能在查看建筑环境时发现是否存在碰撞。例如,布莱恩戴着智能眼镜进入一个未完工的房间时就可看到是否有物体与3D模型中的"物体"重叠。此外,他还能发现在房间的某个地方安装了不应安装的东西。

21.5.2　现场检查

用DAQRI的Tag应用程序,现场检查人员能以虚拟的方式标记差异,与传统手工填写书面材料的现场检查方式相比,提升了检查效率和准确性。甲骨文公司做过一次对比人工检查和AR检查方式的测试,看看在一台大型风力涡轮机建造过程中人们发现差异的程度。结果发现,使用AR数字重叠技术显示差异位置时,施工误差再也没有被漏检。

需要注意的是,智能眼镜本身并不会指出差异现象,而是让检查人员看到了实际空间的映像,使他们更加容易地发现潜在的问题。

像布莱恩那样经验丰富的资深检查人员,并非以自己已完成检查报告的能力而自豪,而是以拥有的专业知识、工作经验和敏锐眼光为傲。因此,把写检查报告从其工作中去除对布莱恩来说巨大的好处,这能让他做其最擅长的事情。

21.5.3　现场调度

目前,在建造过程中参与的承包团队,如管道的、电气的和暖通的团队,他们的调度安排可能是一项具有挑战性的工作。然而，用智能眼镜可以把 3D BIM 环境连接到 Oracle Prime 应用提供的工程计划表上。举个例子，管道施工班长用虚拟方式在 3D BIM 环境中把团队的任务标为"已完成"，这就允许电气施工班长随后进入现场，并有把握其团队是在与其他方没有冲突的情况下开始工作的。看着 AR 环境，项目主管可观察整个项目的状态，行走在这个 AR 施工现场环境中，将预先安排的施工活动尽收眼底。

21.5.4　法规监管

智能眼镜另外的使用案例是监控职业安全与健康法案（Occupational Safety and Health Act，QSHA）的遵守情况。

根据行业的不同，公司得遵守多个监管领域的规定。项目主管使用智能眼镜的温度、湿度和噪声传感器提供的真实数据可快速地做出安全和健康方面的决策。当现场数据接近给定的阈值时，如噪声达到 100dB，智能眼镜甚至还会以发送通知的告警方式来提示人们要符合规定的要求。项目主管也可用 Oracle IoT Connected Worker 应用给所有项目经理发送告警信息。这样，可提前建议员工在特定的时间间隙休息。

另外，以现场数据为依据，执行主管可用分析方法撰写说明报告来证明遵守了相关的规定，例如，在过去的一个月里，温度 5 次升到高温，在此情况下，公司可适当地对员工给予关怀。

21.5.5　员工安全的监控

智能眼镜的传感器还能检测跌落事件的发生，增强了员工的

安全性。在这个应用案例中,智能眼镜的传感器数据传输给
Oracle IoT Connected Worker 应用,并由这个应用通报给项目主
管。此外,用 DAQRI 的 Guide 应用程序,AR 还可以用来培训员
工以安全得当的方式操作机械装置或工具。

21.5.6　资源管理

智能眼镜还可以用配备给员工的传感器进行资源管理。例
如,假设今天应该有 5 个做石膏板预制件的员工来上班。每个员
工智能眼镜上的传感器与员工的工种相关联,而且根据其工种做
了预先设置。当员工用智能眼镜签到时,员工标签数据被发送到
Oracle IoT Cloud Service 应用,用户通过 Oracle IoT Connected
Worker 应用可看到这些信息。例如,5 名员工中只有 4 个人来上
班了,用这种方式建筑公司就可以察觉,再打电话给工地主管去核
查,同时用 Qracle Prime 应用对工作计划做相应的调整。

21.6　总结

硅谷的高科技公司设施部门用技术手段提高建造生产率和安
全性的超前想法并不奇怪。但是,把幻想变成现实可是另一回事。
从建造设计技术高级学校大楼这项工程中,甲骨文设施公司看到
了用 AR 提高建造生产率和安全性的机遇。DAQRI、Oracle Prime

及 Oracle IoT Connected Worker 应用程序的开发团队把这一切变成了现实。最终，没有工人受伤，施工也如期完成。额外收获是，像布莱恩那样的现场检查人员现在可以丢掉笔和纸，把更多的时间花在最擅长做的事情上了——发现和报告差异以便进行修整，使项目按计划进行。

第 22 章

精细化的机器人砌墙技术

F. A. Wilhelm 建筑公司(Wilhelm)于 1923 年在印第安纳州印第安纳波利斯成立,起初是一家砖石承包商。此后,该公司在印第安纳州和中西部地区完成了 8000 多个项目。这些项目涵盖停车场、办公大楼等,如 NCAA 总部、印第安纳波利斯的 JW 万豪酒店和康明斯大厦,以及印第安纳州佛罗伦萨的贝尔特拉(Belterra)俱乐部。

迈克·贝里斯福德(Mike Berrisford)于 1996 年以一名泥瓦工学徒身份开始了他在 Wilhelm 建筑公司的职业生涯。如今,他管理着 150 多人的砌体部门并监督所有现场作业。凭借在该行业 22 年的经验,迈克深刻体会到建筑砌体公司所面临的不足和挑战。

一个巨大的挑战是缺乏合格的工人进入建筑业,而泥瓦工更为匮乏。如今老龄化劳动力占据着砌体业,维持高水平施工质量需要一流的技艺和职业道德,因此需要比行业现有劳动力更有才能的劳动力。

由于对劳动力的高需求,Wilhelm 建筑公司很少拒绝求职者,而且作为联盟承包商,工资很有吸引力。然而,招聘广告往往会吸引大量不合格的人——其中很多人缺乏高中教育。所以不幸的是,当需要测量或按施工图作业时,他们就无法胜任了。事实上,根据美国房屋建筑商协会的一项调查,近 2/3 的承包商表示他们招不到合适工人。

　　为了解决砌体行业的诸多问题,内森·波德基耶(Nathan Podkaminer)和斯科特·彼得斯(Scott Peters)于 2007 年创办了建筑机器人公司(Construction Robotics,CR),其目标是通过使用机器人和自动化技术来推进建筑工程。该公司的旗舰产品是称为 SAM 的半自动砌墙机。一个优秀的泥瓦工在 8h 内可铺设 350～550 块砖,而 SAM 每小时可铺设 350 块砖,且不需要停下来喝咖啡或上厕所,SAM100 实物图如图 22.1 所示。

图 22.1　SAM100

22.1　设备层

　　SAM100 是第一台用于现场砌筑施工的商用砌墙机器人。它于 2015 年 2 月在拉斯维加斯的世界混凝土博览会上推出,并获得行业最佳创新产品奖。最新的 SAM100 OS 2.0 于 2017 年 1 月在世界混凝土博览会上首次亮相。SAM 是一个人机协作机器人,需要在工人的帮助下工作:一个工人操作,一个工人装填砖和砂浆,另一个工人负责固定系墙铁,去除多余的砂浆并给拐角或其他复杂区域铺砖。

22.1.1　组件和传感器

SAM 的基本组件包括一个带有多个关节的大型机器臂,一个用于探测放置每块砖所需的高度和距离的激光测距仪,一对位于工作区左右两侧的皮数杆,一个显示 CAM 图纸的显示器和一个基于平板电脑的控制面板。

SAM 包括一些可以用于测量和跟踪速度、倾斜角度、方向、环境温度和机壳温度、湿度、运行时间、GPS、安全性等的传感器。例如,SAM 可测量砂浆的坍落度和质量。所有产生的数据都以毫秒为时标。

22.1.2　使用 SAM

在砌墙之前,工人先依照施工图纸的数字图来测量工作区域,再根据测量数据为 SAM 编程。

在砌墙时,激光皮数杆布置准线。一条准线就是墙上一模一样的砖铺设的一层。在没有使用 SAM 时,人们用拉水平线的方式来布置准线。

SAM 要砌的理想墙体是平直通顺的。对它来说,砌带有窗户转折面和窗间壁等此类墙是件难事。即便如此,SAM 能按照竣工要求调整计划与实际施工的偏差,也可以在开始作业之前调整计划。

例如,在工人砌墙时,端缝——砖块之间的垂直砂浆接缝(如图 22.2 所示)通常在墙要砌好的时候才填上砂浆。因为先期测量有偏差,端缝宽度微小的变化会影响墙的长度。举个例子,如果一堵墙的端缝宽度要求为 9.5mm,但结果大了一点点,误差一点一点地累计,墙体最后一个端缝的宽度可能会达到 25mm 甚至更大。

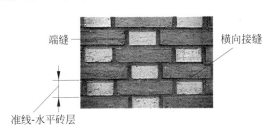

图 22.2　砌体基本定义

SAM 能在开始砌墙之前注意到这一点并在砌墙过程中缩小或加大端缝宽度来控制偏差。为了实现这一目标,SAM 测量进入墙壁的每块砖的尺寸。通过这些数据,SAM 能够区分砖块尺寸和型号及它们砌入的布局型式和颜色。对于每块砖,SAM 都知道它的确切位置,是否都在同一平面上,是凸出的还是凹进的,以及凸出、凹进了多少。

SAM 是一个半自动机器人,它仍然需要熟练工人的技能和帮助,以确保某些工作的质量和精良程度。例如,SAM 用 3 个着力点抓起每块砖(背面两个,前面一个),但如果其中一个着力点位于砖块上的凸起处或碎片处,但 SAM 不知道这种情况,仍然按之前设定的方式在这 3 个点上施力。在这种情况下,砌墙时它会把砖块砌斜 6mm 左右。针对这种情形,SAM 需要两个工人跟随清理砂浆,当 SAM 沿墙前行时,工人处理那些砌斜了的砖块。

操纵 SAM 需要专门的培训,且公司必须挑选项场安装和操纵人员。为了 SAM 的首次亮相,迈克挑选并培训了两个懂计算机的员工作为操作员,他们虽然没做过工头,但已经在此行业工作了很多年,对砌砖工作一清二楚。

不可否认,在一家公司内找到不仅有足够悟性来学如何对 SAM 编程,且有兴趣学习新事物的优秀的工人是一个挑战。工作中的 SAM 机器人如图 22.3 所示。

图 22.3　工作中的 SAM 机器人

22.2　网络连接层

SAM 收集的所有数据都通过 LTE 实时上传到建筑机器人公司自己管理的私有云上,它运行在一个外包数据中心。每隔 5min,SAM 机器人就会传输一次所有运行数据,其中包括每块被放置的砖块的信息。这些数据包括长度、宽度和高度坐标,环境温度、湿度、砂浆坍落度、每块砖所施砂浆量、砖的编号、砖的位置、砖的准线、每一块砖入墙的时间和日期,以及距前一块砖入墙的时间间隔等。此外，系统信息也会上传到建筑机器人公司的服务器。所有数据在传输过程中都是被加密的。

22.3　数据采集层

SAM 收集的数据存储在托管数据库服务器上运行的 SQL 数据库中。6 个月后，数据将被无限期归档。

数据中心受防火墙保护。此外，不允许任何人直接访问数据库。建筑机器人公司使用与数据交互的前端应用程序，并根据 Web 服务器管理的用户访问系统将其呈现给用户。

22.4　学习层

建筑机器人公司提供了一个应用程序，每个注册账户的承包商都有访问他们工作数据的权限。该应用程序是分层的，从高层概览延伸到某项工作的某一天。主管可以实时查看数据，并查看产能趋势、每小时或每天平均铺设的砖块数、最高生产量时刻、停机时间等信息。一天砌砖数量如图 22.4 所示，为期两天的工作统计如表 22.1 所示。此外，工作人员可以上传图片和笔记，这些图片和笔记也会被检索追忆。

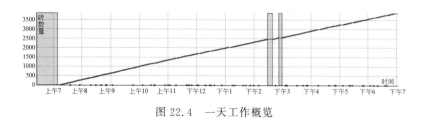

图 22.4 一天工作概览

表 22.1 两天的工作统计表

开始时刻	停止时刻	总时长	砖数量	平均每小时砖数量	机器利用率
上午 7:13	下午 6:55	11:41	3851	329	86.47%
上午 6:25	下午 7:03	12:38	4101	325	80.05%

　　值得注意的是，一般来说，当前建筑行业的习惯是通过图片了解项目的状态。但是，图片中没有存储真实数据。除非你检查图片并清点每块砖，否则无法知道墙上有多少砖，更无法知道将它们砌在那里需要多长时间。使用 SAM，可以追忆和学习所有砖及传感器的数据，从而使客户能够看到谁在操纵机器、谁在混合砂浆、室外的温度是多少、是否下雨等诸多信息。

　　通常在作业结束时，数据会被下载用来制做一个关于 SAM 性能的简报。这些数据有助于客户了解使用 SAM 的价值，它们会显示出在项目进行过程中生产量是如何从首次使用 SAM 开始稳步增长的，因为头几周是学习过程，工人们逐渐习惯使用和操纵SAM 机器人。假设工人不再需要第二次学习，根据这些数据承包商可以看到在未来项目中使用 SAM 将更高效，在高层建筑项目中工作的 SAM 机器人如图 22.5 所示。使用分析学来观察数据的趋势，可以弄清在性能与效率方面真正需要改进的是什么。

图 22.5　在高层建筑工程项目中工作的 SAM 机器人

22.5　执行层

当迈克第一次见到建筑机器人团队并观察 SAM 如何工作后，他对此留下了深刻的印象并决定尝试一下。经过一个试验项目，Wilhelm 建筑公司成为世界上第一个拥有 SAM 机器人的承包商，迄今为止该公司已在许多项目中使用了 SAM。由于 SAM 适合砌平直通顺的墙体，Wilhelm 建筑公司正在继续寻找此类型（易于找到）的项目，因为它看到了使用机器人的好处。

使用 SAM 的最大好处是它的不间断性。它既不需要上厕所或午休，也不会被短信和电话分散注意力。只要装满燃油、砂浆和砖块，SAM 就能持续工作，这大大提高了生产率和效率。然而，这并不是说工人现在做的事情少了。目前仍然需要人工来安装绝缘板、拧入砖锚、回收材料并且监控质量，但现在工人可以在 SAM 铺砖时做这些事，SAM 大约每 8s 铺砖一次。

　　使用 SAM 还可以减少工作班组的人数。以前需要 5 个工人和两个小工的工作量现在只需要两个工人和一个小工来完成,为客户节省了超过 50% 的人力成本。乍一看,有人可能会担心 SAM 和其他建筑机器人技术在将来会减少对工人的需求,但建筑机器人公司不这么认为。即使像 Wilhelm 这样的大型建筑公司也明白,老一代的砌砖工正在退休,而且越来越少有年轻人愿意进入这个行业,特别是那些意愿做传统体力劳动的人。因此,用更少的人力来保持高生产效率是一件好事。此外,使用 SAM 等建筑技术对年轻一代更具吸引力。SAM 和工人协同作业如图 22.6 所示。

图 22.6　SAM 和工人协同作业

　　砌砖是一种手动、具有重复性且对体力要求很高的工作。SAM 替砌砖班组承担大量的体力劳动和重复动作,使他们能够更安全地工作,减少疲劳并降低受伤风险。建筑机器人公司发现使用 SAM 可使升降作业量减少 80% 以上,这有助于提高工人整体的健康和安全水平。

　　另外,砌墙质量也得到了改善。在一天工作结束时,使用 SAM 砌的墙与工人砌的一样好,甚至更好。例如,SAM 特别擅长垂直砌砖。由于人为因素,人工做的端缝总会横向漂移,但是 SAM 使用激光导向器和传感器测量脚手架上的振动或风力并进行调整,垂直线可以保持完美笔直,图 22.7 所示的是用 SAM 建造的砖墙。

图 22.7　SAM 建造的砖墙

SAM 还可为客户提供有价值的建议和分析,用于评估和安排未来项目。根据已知信息,例如砖的型号和窗户的数量,建筑机器人公司能告诉客户针对墙体系统的不同部分砌墙作业的指标要求。这些信息可以避免对未来项目估计的主观因素,让客户更有信心地安排工作和人力。

22.6　总结

由于 Wilhelm 建筑公司是新技术的早期采用者,迈克体会到了在建筑领域使用新技术和机器的利弊。他认为随着 SAM 的不断改进和建筑机器人团队对技术的持续改进,SAM 将来能完成更复杂的项目,SAM 在砌体业溅起的水花会变成强劲的波浪,将会真正改变这个行业。SAM 在每个项目中都备受欢迎,已经铺砌了超过 100 万块砖,并在 19 个州与 148 位工人一起,在 29 个不同的建筑工地工作过。一批像迈克这样的人一直是 SAM 和这家创新公司的支持者,他说:"建筑机器人公司的团队非常棒。"

第 23 章

总结——解决方案

如果你这几年里一直在硅谷,那可能已听说过马克·安德森(Marc Andreessen)提出的"软件正在吞噬整个世界"的观点,它现在可以修改为"软件和数据正在吞噬整个世界"。作为工业或企业物联设备(例如机器、资产、设备)的制造商,你应该明智地注意到这种观点。像 GE 和 Bosch 这样的公司已经接受了这种观点并开始投入大量资金来进行机器连接、数据采集及学习。在最后几章中,我们已经看到了机器制造商正在进行的工作及它们如何开始改变业务模式的案例。随着时间的推移,将很难看出软件公司和机器制造公司之间的区别。因此,建筑物联设备的制造商开展业务数字化转型的必需步骤是什么呢?

首先,必须投资。这并非是指从供应商处购买软件并使用它们,而是必须对人才进行投资。周博士为 GE 的高级管理人员做了题为"硬件和软件有什么区别?"的演讲。在演讲中他强调了两个不同之处:对于硬件,举个例子,人们往往认为拥有一个更大的团队来建造喷气发动机比一个小的团队要好;对于软件则恰恰相反,周博士与 Oracle 的拉里·埃里森(Larry Ellison)、萨弗拉·卡茨(Safra Catz)和杰夫·亨利(Jeff Henley)在一次会议上的讨论说明了这个观点。在会议期间,杰夫(当时的 CFO)发出了一些感叹,他问拉里:"为什么 Salesforce.com CRM 的产品比我们的产品好得多，我们有 500 名开发人员而他们只有 50 名？"拉里回答说："这正是答案。"对人才的投入不一定得是 50 人或 500 人，但至少应该从适当的 5 个人开始。

当然，你还需要投资开发具有更多传感器、更强本地计算能力和更灵活通信能力的机器。思量一下已构想的架构，想一想高级连接和低级连接将会是什么形式。如何采集数据？用哪种方法学习数据？买多少？建多少？是找一个供应商还是建一个业务栈？

再次声明，上述所做的都是必要的，但这远远不够。如果不说明将如何应用它及商业利益是什么，所有这些技术都毫无意义。在前面的章节中我们讨论了制造商的 3 种主要业务模式。首先，连接机器并提供服务合同。当杰克·韦尔奇(Jack Welch)掌舵时，GE 向这种模式大步转移，他们应用了这种模式，这种模式也驱使 GE 建立了几个大的软件公司；其次，如果已连接到机器，你还可以提供辅助服务，因为你知道机器正在发生什么，更重要的是，你已经看到了数百或数千台类似机器在做什么，这使你可以提供有关如何维护或优化这些机器性能、使用和安全的信息。当然，如果你可以提供建议，还可以实现这些改进，然后开始将它作为机器的一项服务，转向高利润、周期性收入模式。

这样做有一些挑战，至少会受到传统的制约。虽然许多机器和设备都有软件，但对于这个活动中的主角——人来说，软件始终是至关重要的。《经济学人》杂志 2015 年 11 月的那一期指出了这一点，"实现这种数字化飞跃的关键点往往是文化……"

制造机器的企业将机械工程师与软件工程师整合并非易事。机械工程师专注于实际产品，并考虑 3～5 年的开发生命周期。他们知道，一旦开始生产就不会停产，且生产的产品必须用于现场并支持数 10 年的生命周期；而软件工程师正在考虑最小化可行产品、永久测试版和每日更新服务。人们可能会仿效 GE 任命首席数字执行官的做法，对他们而言，这是一个与 GE 动力公司、航空公司等领导人具有同等执行权的角色。

对于现有参与者和新入行的人员而言，行业转型带来的机会都很大。随着软件和分析技术的作用突显，存在着以一种截然不同的方式建造新一代机器的潜力。

23.1　服务经济

尽管估计略有差异，但美国经济的 85%～90% 是服务经济。虽然在墨西哥和中国这一比例要低得多，但它们越来越倾向于成为服务经济体。那么什么是服务经济？按官方说法，它包括所有不生产商品（制造业）或不种植作物（农业）的公司。服务经济包括医疗保健、零售、金融服务、教育、交通、公用设施，当然还有建筑等行业。

那么什么是服务？是能和善地接听来自班加罗尔的电话还是在麦当劳卖汉堡？这种简单回答是错误的。服务是给你传递个人的且有用的信息。这可能是酒店门房告诉你附近最好的川菜馆的位置，或者是你的医生根据你的基因组和生活方式告诉你应该使用立普妥。

在建筑界，从业者可以是机器操作员、现场服务工程师、售后质量经理、零件管理员、建筑公司的 CEO 或设计新一代叉车的工程团队。需要强调一点，服务是给所有相关者个人的且有用的信息。

23.2 数字化转型

如果服务是信息,那么首先要找到所有的信息,再使之成为个人的且有用的信息。在施工现场,可能包括执行人员、现场主管和采购经理。我们忠告大家不要被 SQL 绑住手脚,但这意味着什么?

假设现在是 20 世纪 90 年代后期,在一个房间里有一群 SQL工程师,我们向他们展示了一个绝妙的想法:我们打算检索消费者互联网并用广告来赚钱——我们将成为亿万富翁!试想一下 SQL工程师会做什么?

首先,他们将设计一个全局数据系统把地球上全部信息编入索引;然后,他们将编写 ETL 和数据清理工具来将所有信息导入这个系统;最后,他们将撰写报告指出法国的最佳露营地旧金山吃饭的最佳地点。

如果你稍稍有一点技术背景,现在可能正在大笑并且想这是多么愚蠢!但可以说,那里每个城市和企业都在不断地尝试采用这种机制来提供任何可能的服务。

因此,我们建议你考虑一下 IT 消费者化一词,它并不适用于你是否应该在工作中使用 Facebook 的问题;相反,它可表示如何利用这些技术向承包商、现场工头、采购经理和租赁机构的运营商提供服务之类的问题。

接下来,你应该购买和租用智能机器并把它们接入网络,无论它们是滑移式装载机、剪叉式作业平台,还是履带式装载机。数字化允许制造商使用机器数据来让机器实现更高的性能、可用性和安全性。制造商正在利用成百上千台机器上的软件和数据制造精细化机器。精细化机器提供更高质量的服务、更低成本的消耗(例如燃料)和更低成本的机器维修。随着未来的承包商和租赁代理商力推这些精细化建筑机械,任何使用这些机器的人都将受益。

23.3　挑战

物联网加剧了人们对网络安全现状的担忧并引入了新的风险,增加了与任何相关联的数据通信的常规风险。每个设备都增加了可攻击点,并且互操作性扩展了攻击的潜在范围。网络上每个节点都是潜在的入口点,而且设备互联会扩大损坏面。此外,控制现实世界的物联网系统受损的后果可能是灾难性的:例如受损的医疗监视器可能导致生死攸关的问题;对智能电网系统的一次黑客攻击可能会切断数百万家庭和企业的电力,造成巨大的经济损失,以及对健康和安全产生威胁。同样,我们需要以创新的方式投资去保护这些系统并将其转化产品。

此外,制造商、租赁代理商或承包商的任何数字化转型都需要人员参与。我们前面引用了上述《经济学人》杂志的观点,并强调最大的阻碍将是一个团体自身的因素。最后要说的是,领导能力是至关重要的。

随着人口数量的增长及人类对物质要求的提高,需要我们朝着精细化地球的方向发展,浪费水、肥料、药品和能源是不明智的行为。人们普遍认为,未来几十年全球新的增长机遇将来自拉丁美洲、东南亚和非洲。根据联合国 DESA 的报告《世界人口前景:2015 年修订版》,从 2015 年至 2050 年,非洲人口的增长预计将占世界人口增长的一半以上。报告还预计尼日利亚的人口将在 2050 年超过美国,到那时,它将成为世界上第三大人口大国。

在更广泛的范围内,发展中国家需要基础设施:建筑、电力、水、农业、交通、医疗和通信。这些基础设施将以 20 世纪的方式建造吗?还是越级提升转向 21 世纪的移动技术而不再使用陆地通信线路吗?

非洲可能是下一次变革的关键。美国的电力通常来源于燃油电厂和燃煤电厂并以分层方式分配。但在未来世界中,人们绝不会这样做。人们可以利用太阳能、风能和水力来发电,这些能源按地理范围分配。此外,人类将建造一些储能装置,这在传统电网中是没有的。从本质上讲,整个电网的控制将由计算机分配和切换,这些计算机不仅可以访问风力涡轮机的信息(每 6s 产生一次),还可以访问当前的天气和用电需求。而且人们甚至可能使用直流电而不用交流电,因为即使照明也将使用直流电。简而言之,未来的电力系统将与我们今天所见的完全不同。

如今在美国建立这样的系统几乎是不可能的。然而在非洲,这也许是唯一的方式,跳过使用有线电话线路而直接转向蜂窝无线网络。非洲有潜力在不受过去的基础设施和规则的影响下直接发展新一代基础设施,如农场、水处理厂或医院。也许你将成为这一发展中的一分子,使用联网的智能机器设备和新思维方式去建造发电厂、医院、学校、水处理厂等。我们当然希望如此。